城镇燃气泄漏应急处置流程指南

中国城市燃气协会安全管理工作委员会
昆仑能源有限公司
组织编写

应急管理出版社
·北京·

内 容 提 要

本书主要内容包括城镇燃气泄漏应急处置的总体原则、处置要点、应急处置流程的7个阶段、3个关键角色，归纳整理了管网端、用户端、厂站端和液化石油气端常见的28个事件场景及具体处置措施。

本书适合城镇燃气经营企业的应急管理人员、应急指挥人员研读，为进一步研究城镇燃气应急处置提供了有益参考。

编 审 委 员 会

主　　任　付　斌

副 主 任　钱治家　仲文旭　贺永利

委　　员　张晓军　毕逢东　单新煜　闫运江　曲延军
王德鹏　朱蔡文

主　　编　贺永利

副 主 编　张晓军　毕逢东　闫运江　曲延军　叶红超

编写人员　邹　磊　袁雪松　杨文轩　赵俊男　徐珍华
张　伟　张志勇　王德鹏　朱蔡文　赵春磊
吴　波　余　蒙　冯　静　崔　涛　黄志丰
王　斌　付　涛　蹇木楠　魏　亮　徐锦花
毛　勇　于海娟　蒋继才　郭　力

审　　定　马长城　张万忠

前　言

我国天然气消费量和普及率逐年增加，全国天然气消费量由2014年的1848亿立方米增长至2023年的3945亿立方米，气化人口增加3.0亿人，达到5.6亿人[①]。燃气在给人们带来便利的同时，也伴随着安全风险。近年来，因燃气泄漏而引发的火灾、爆炸事故频发，重大、特大事故时有发生，给人民群众生产生活、社会稳定造成不利影响。因燃气管网和设施日益老化，叠加燃气企业安全管理水平参差不齐、用户安全用气意识不强等因素，防范燃气泄漏事件任务依然艰巨。2020年11月，中国城市燃气协会第八届第五次理事会上提出，“按照以人为本、尊重生命的理念，燃气行业按照‘零死亡’事故目标研究安全工作，以本质安全为导向采取措施，进一步加强全行业的安全意识”。随后，行业企业发挥自身优势，形成合力，以“零死亡”为目标，开展了系列课题研究。本书由“城镇燃气事故情景构建应急处置课题研究”的核心成果精编而成。

本书分为六章和二十四个附录。第一章介绍了城镇燃气泄漏应急管理现状、城镇燃气泄漏应急基础知识；第二章重点介绍了城镇燃气泄漏应急处置“黄金30分钟”原则、八项要点、七个应急处置阶段和三个关键角色；第三章至第六章分别针对管网端、用户端、厂站端和液化石油气端二十八个不同场景下的燃气泄漏事件，详细介绍了应急处置流程和具体处置措施。附录部分提供了常用应急装备物资配备参考、城镇燃气泄漏突发事件接警问询规范用语指引及城镇燃气泄漏

① 国家能源局：《中国天然气发展报告（2024）》，石油工业出版社，2024，第10页。

处置指导流程图，供燃气企业参考使用。

本书具有以下特色：安全生产基础理论齐全，详细介绍了事故因果连锁理论、轨迹交叉理论、情景构建理论；典型事故情景丰富，全书介绍了二十八个情景；操作性强，行业首次提出事故处置原则、处置要点、处置流程等，为燃气泄漏应急处置提供指引和范本。

本书编写工作中，得到了中国城市燃气协会主要领导和业内专家的大力支持和帮助，在此谨致以诚挚的谢意。

由于编写人员水平有限，书中难免存在不足，恳请广大读者批评指正。

编　者

2024 年 12 月

目　录

第一章　绪　　论

第一节　城镇燃气泄漏应急管理现状

一、城镇燃气突发事件总量仍然较高，恶性事故时有发生

近年来，随着城镇化进程的加快和人民生活水平的提高，我国城镇燃气行业发展迅速，管道里程和用户数量持续增长。燃气需求的快速增长也给燃气安全带来了挑战，燃气安全问题日益受到社会关注。据中国城市燃气协会统计，2017—2023 年，全国共发生燃气事故 5588 起，造成 580 人死亡、5012 人受伤（表 1－1、图 1－1），事故分布在全国 31 个省（自治区、直辖市），255 个城市。

表 1－1　2017—2023 年全国燃气事故统计表

年度	事故总数/起	死亡人数/人	受伤人数/人
2017	950	104	1145
2018	814	80	928
2019	722	63	585
2020	548	84	670
2021	1140	106	763
2022	802	66	487
2023	612	77	434
合计	5588	580	5012

燃气安全关系千家万户，一旦发生事故，极易引发群死群伤，社会影响恶劣。自 2020—2024 年我国发生的具有重大影响的燃气事故见表 1－2。

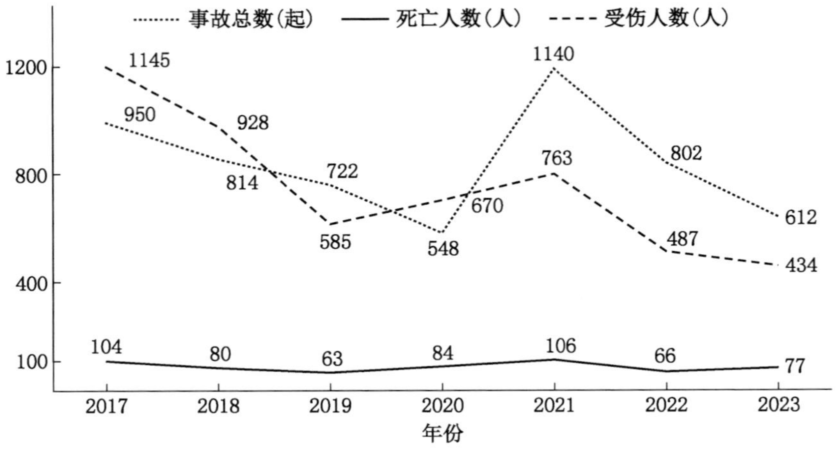

图 1-1 2017—2023 年全国燃气事故统计图

表 1-2 2020—2024 年我国重大燃气事故

时间	事故名称	伤亡人数	直接经济损失	其他影响
2020 年	沈海高速温岭段“6·13”液化石油气运输槽罐车重大爆炸事故	死亡 20 人 受伤 175 人 （其中重伤 24 人）	9477.815 万元	
2021 年	湖北省十堰市张湾区艳湖社区集贸市场“6·13”重大燃气爆炸事故	死亡 26 人 受伤 138 人 （其中重伤 37 人）	5395.41 万元	波及周边商铺和 33 栋 1678 户居民住宅；爆炸当量约 225 kg TNT
2021 年	沈阳市和平区太原南街 222 号“10·21”较大管道燃气泄漏爆炸事故	死亡 5 人 受伤 52 人 （其中重伤 3 人）	4425 万元	疏散群众 5100 余人；爆炸当量约 80 kg TNT
2023 年	宁夏银川富洋烧烤店“6·21”特别重大燃气爆炸事故	死亡 31 人 受伤 7 人	5114.5 万元	
2024 年	河北廊坊“3·13”燕郊燃气爆燃事故	死亡 7 人 受伤 27 人	调查中	

二、城镇燃气应急处置能力不足，应急处置亟待规范

燃气事故多发生在燃气企业的非控制区域，因燃气具有介质的危险性、管网的开放性、设施的长期性、用户的公共性等特征，对燃气企业的应急处置能力提出了挑战；我国燃气企业规模差异较大，管理水平参差不齐，各燃气企业在应急队伍建设、应急指挥人员培养、抢险工器具配备等方面存在较大的差异和不足，严重制约燃气突发事件的规范、有效处置，导致事故后果和影响扩大。

如某燃气企业在处置燃气泄漏事件时，事态控制存在多处致命错误，最终发生爆炸，并造成大量人员伤亡。究其原因：一是先期抵达现场的抢修人员未携带燃气泄漏检测仪，仅靠“眼睛看”“鼻子闻”判断燃气泄漏程度；二是未立即控制管道上下游两端的燃气阀门，保持管道内正压，防止产生回火爆炸；三是从接报燃气泄漏到最终爆炸发生的1小时内，没有疏散周边群众，并且在泄漏燃气未消除爆炸风险的情况下，向公安、消防等其他救援人员提出撤离的错误建议，严重误导现场救援处置工作。

又如，某燃气企业处置第三方施工破坏导致的燃气泄漏事件时，应急处置人员到达现场后忙于寻找泄漏点，从泄漏到爆炸近90分钟的时间内，未对现场及周围建筑物的燃气浓度进行检测和监测，未有效组织人员疏散，致使泄漏的燃气达到爆炸极限，遇点火源发生爆炸，导致伤亡扩大。

再如，某燃气企业接到用户报修电话，在用户明确告知燃气已经发生泄漏的情况下，燃气企业接报人员仅告知“先把阀门关上，之后就不要乱动了，公司这边尽快安排售后到店内维修处理”，没有给予用户必要的风险提示，没有引导用户组织疏散，导致错过最佳疏散时机，最终造成了重大人员伤亡。

一起起燃气事故暴露出燃气企业在应急处置过程中存在响应时间滞后、指挥调度混乱、事件研判不准确、指令措施不明确、处置人员能力不强、装备物资配备不齐或失效等问题。因此，燃气企业亟须一套科学、规范、可操作性强的流程指导燃气泄漏事件应急处置，最大限度地减少人员伤亡和财产损失。

第二节　城镇燃气泄漏应急基础知识

一、安全生产基础理论

（一）海因里希事故因果连锁理论

海因里希把工业伤害事故的发生、发展过程描述为具有一定因果关系的事

件的连锁，即：①发生人员伤亡是事故的结果；②事故的发生产生于人的不安全行为或物的不安全状态；③人的不安全行为或物的不安全状态是由人的缺点造成的；④人的缺点是由不良环境诱发的，或者是由先天的遗传因素造成的。

海因里希提出的事故因果连锁过程包括以下5个因素。

（1）遗传因素及社会环境。遗传因素可能造成鲁莽、固执等不良性格；社会环境可能妨碍教育、助长性格上的缺点发展。

（2）人的缺点。人的缺点是使人产生不安全行为或造成机械、物质不安全状态的原因，它包括鲁莽、固执、过激、神经质、轻率等先天的性格缺点，以及缺乏安全生产知识和技能等后天的缺点。

（3）人的不安全行为或物的不安全状态。人的不安全行为或物的不安全状态是指那些曾经引起过事故，或者可能引起事故的人的行为或机械、物质的状态，它们是造成事故的直接原因。例如，在起重机的吊钩下停留、不发信号就启动机器、工作时间打闹、拆除安全防护装置等都属于人的不安全行为；未设置防护装置的传动齿轮、裸露的带电体等都属于物的不安全状态。

（4）事故。事故是由于物体、物质、人或放射线的作用或反作用，使人员受到伤害或可能受到伤害的、出乎意料的、失去控制的事件。

（5）伤害。伤害是指直接由于事故产生的人身伤害。

海因里希事故因果连锁理论模型如图1－2所示。

海因里希事故因果连锁理论表明，在燃气泄漏事件应急处置过程中，要及时识别并消除事故链条上的不安全因素，如人的不安全行为、物的不安全状态以及环境的不安全因素，才能有效阻止事故的发生和发展。

（二）亚当斯事故因果连锁理论

亚当斯事故因果连锁理论的核心在于对现场失误背后的原因进行了深入的研究。操作者的不安全行为及生产作业中的不安全状态等现场失误，是由企业领导者及事故预防工作人员的管理失误造成的。事故预防工作人员在管理工作中的差错或疏忽，企业领导者决策错误或没有做出决策等失误，对企业经营管理及安全工作具有决定性的影响。管理失误反映企业管理系统中的问题，它涉及管理体制，即“如何有组织地进行管理工作，确定怎样的管理目标，如何计划、实现确定的目标”等方面的问题。管理体制反映作为决策中心的领导者的信念、目标及规范，它决定各级管理人员安排工作的轻重缓急、工作基准及指导方针等重大问题。亚当斯事故因果连锁理论模型如图1－3所示。

从亚当斯事故因果连锁理论可以得出，要加强燃气企业应急管理顶层策

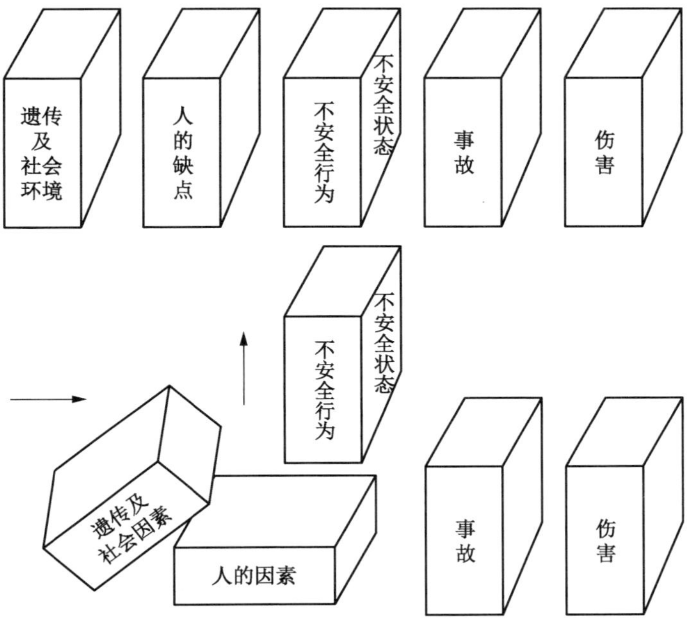

图1－2 海因里希事故因果连锁理论模型

划，明确各级人员的职责和权限，制定科学合理的应急预案，并定期开展应急演练，提高应急处置人员的专业技能和协同作战能力，才能有效应对燃气泄漏事件。

（三）轨迹交叉理论

轨迹交叉理论的基本思想：伤害事故是许多相互联系的事件顺序发展的结果，这些事件概括起来不外乎人和物（包括环境）两大发展系列。当人的不安全行为和物的不安全状态在各自发展过程中（轨迹），在一定时间、空间发生了接触（交叉），能量转移于人体时，伤害事故就会发生。人的不安全行为和物的不安全状态之所以产生和发展，又是受多种因素作用的结果。轨迹交叉理论模型如图1－4所示。

借鉴轨迹交叉理论，在进行燃气泄漏事件应急处置时，要充分考虑人、物、环境3种因素的相互作用，采取综合措施，才能有效控制事故。例如，在进行人员疏散时，要考虑燃气泄漏影响范围、人员的密集程度、逃生路线、周边环境等因素，并采取相应的引导和保护措施，避免人员与危险环境发生接触。

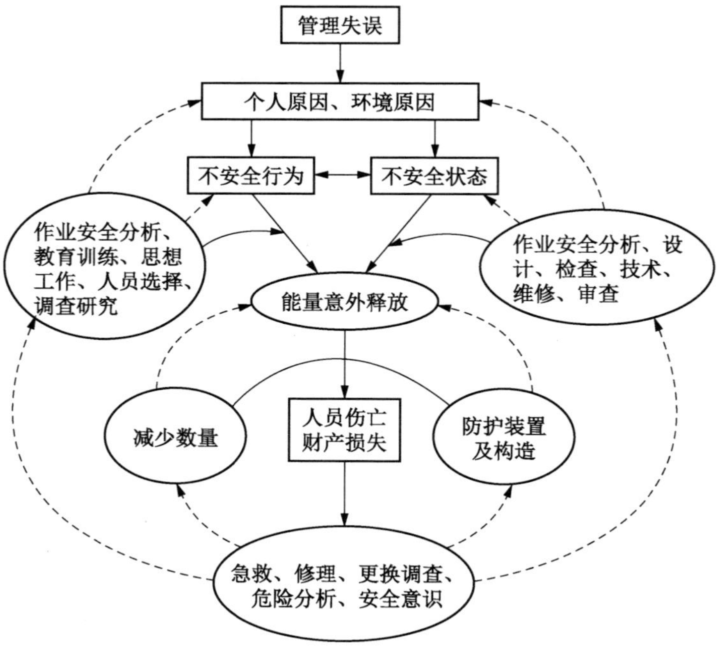

图 1－3　亚当斯事故因果连锁理论模型

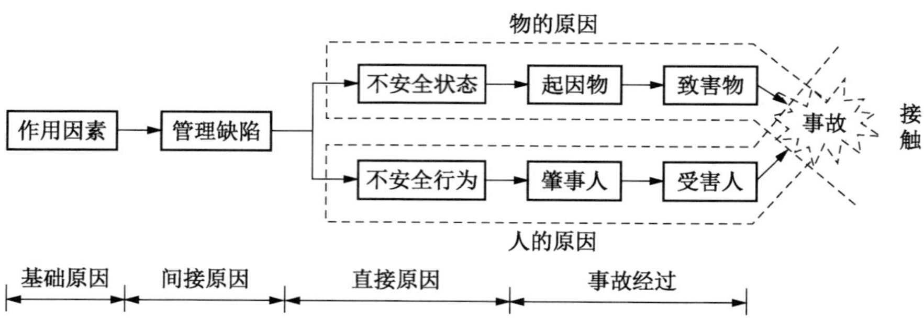

图 1－4　轨迹交叉理论模型

（四）情景构建理论

情景构建理论是一种用于规划和决策的方法，通过构建未来可能发生的情景，帮助个人或组织预见和准备应对各种不确定性和变化。

情景构建的基本原则：一是情景不同于传统的典型案例，它不是一个具体事件的投影，而是无数同类事件和预期风险的集合；二是情景不是预测什么事件、什么地点、发生什么事件，其核心是在“假设肯定发生事件”之前如何做好准备；三是情景不是关注在应急处置过程中所涌现的某些真实情况，而是基于普遍规律和特定要素的全过程、全方位、全景式的系统描述；四是情景代表一个国家或地区的主要威胁，最少的情景具有最广泛的风险与任务代表性；五是情景是开放系统，具有高度弹性，可以伴随环境的改变或能力的提升而持续改进。

借助情景构建理论，通过构建不同的燃气事故情景，可以有效识别潜在的事件及其影响，并制定针对性处置措施以应对这些事件和影响，从而提高应急响应的针对性和有效性。

二、城镇燃气事故主要原因分析

由安全生产基础理论可知，导致燃气泄漏的原因是多方面的，可以归纳为管理因素、设备因素、人的因素、环境因素、应急响应因素 5 个方面。

（一）场站端燃气泄漏原因分析及事故案例

1. 原因分析

（1）设备因素：①设备故障，包括设备老化故障、设备质量不合格、维修保养不及时、未及时送检等；②工艺缺陷，包括本质安全设计缺陷、安全联锁缺失、安全仪表系统（SIS）逻辑错误、报警阈值设置不合理、安全设施可靠性差等；③新技术、新措施应用不足等。

（2）人的因素：①意识不足，包括履职不到位、违规操作；②能力不足，包括专业技能不足、未持证上岗或证件过期等。

（3）管理因素：企业监管不足，包括企业运营合规性不足、制度标准不健全、工作流程不合理、人员职责不清晰不明确、场站内控管理不到位。

（4）环境因素：环境复杂，包括周边安全间距不足、平面布置不合理、外来设备和人员等。

（5）应急响应因素：应急救援不及时、应急处置不当等。

2. 事故案例

案例 1：祁县洁源天然气有限公司第二加气站“6 · 13”低温绝热气瓶较大爆炸事故

事故经过：2016 年 6 月 13 日 17 时 40 分，祁县洁源天然气有限公司第二加气站（以下简称洁源二站）在给祁县聚丰玻璃制品有限公司充装过液氧的低温绝热气瓶充装液化天然气时发生爆炸，事故共造成 3 人死亡，直接经济损失 149.92 万元。

直接原因：洁源二站违规为车用以外的移动式气瓶充装液化天然气；加气工违规操作，直接将液化天然气充入低温绝热气瓶，气瓶内残留的液氧和液化天然气混合并达到爆炸极限；由于气瓶在运输和充装过程中导致静电累积，达到了点火能的最低阈值，导致瓶内发生闪爆，进而引起氧气和天然气发生强烈的化学反应，此反应释放物质所含的化学能，致使瓶内压力瞬间急剧增加，超过低温绝热气瓶的极限承载能力，引起钢瓶瞬间爆炸碎裂。

间接原因：①由于各相关企业、部门管理的严重缺位，洁源二站违规建设、非法运营，不具备安全生产条件；②作业人员明知被充装气瓶不属于车用气瓶、瓶内介质不明确的情况下，却准予充装；③当班班组长未能及时发现制止可疑车辆。

致因因素分析：①人的因素，作业人员意识、技能不足，违规为车用以外的气瓶充装液化气；当班班长执行制度不到位；宣传培训不到位，购气方无安全观念，充装设备及运输车均不符合要求；②管理因素，充装作业流程存在缺陷，未明确“瓶内介质不明确的情况下严禁充装”的规定；员工培训效果差。

案例 2：保定液化天然气气化供气站“4·15”火灾事故

事故经过：2019 年 4 月 13 日 15 时左右，天然气公司司机和押车员将载有 11 吨天然气的罐车驶入液化天然气供气站固定储罐卸载区，随后将车头开走。15 日 9 时左右，天然气公司两名操作员（其中一人无特种设备作业人员证）驾车来到供气站做卸车准备，12 时左右开始卸车。13 时 30 分左右卸车完毕，这两名操作员找供气站有关人员通知过泵。此时，罐车内剩余天然气 1 吨左右。14 时左右，天然气公司司机和押车员驾驶天然气罐车车头驶入供气站卸载区，连接好罐车罐体，关闭罐车罐体后门，拆卸罐车支撑，此时押车员听到罐车尾部气体泄漏声音，迅速到供气站办公楼前向供气站操作员报告。供气站操作员赶到卸载区后看到罐车尾部已经着火，立即通知供气站负责人。供气站负责人安排员工切断所有电源，并向 119 报警。大火持续燃烧又将罐车附近的空温式气化器天然气管道烧坏，导致固定储罐内天然气持续外泄使火势进一步蔓延。该供气站距离铁路中心线仅有 21 m，大火冲过围墙并引燃了铁路沿线旁的树木和绿化带，致使中国铁路北京局于 15 时 30 分左右扣停途经该区段列车，T175 次等 6 趟列车晚点，当日 16 时 24 分恢复正常运行。

直接原因：①液化天然气罐车尾部阀组厢内安全放散阀因罐车内压力超压起跳，天然气分别从出口接口密封处和天然气放散管口持续放散并迅速扩散，遇周围着火源（罐车东侧约 12 m 厂区北围墙内供气站实验室工作状态的马弗炉高温炽热表面）发生闪燃；②由于液化天然气罐车安全放散管口直接对着固定储罐的空温式气化器，泄漏的天然气持续燃烧将空温式气化器天然气管道烧坏，导致固定储罐内天然气泄漏，使火势进一步蔓延。

间接原因：①天然气公司未履行建设项目安全设施与主体工程“三同时”（同时设计、同时施工、同时投产使用）规定。违反《铁路工程设计防火规范》（TB 10063—2016）中关于液化烃储罐外壁与铁路正线防火间距为 55 m 的规定；违反《中华人民共和国安全生产法》(以下简称《安全生产法》）中对“用于生产、储存、装卸危险物品的建设项目，应当按照国家有关规定进行安全评价”的规定，致使在消防设施不符合要求的情况下投产；②未按《安全生产法》要求制定作业安全操作规程、现场应急预案并进行演练，气体泄漏后未能及时正确处置。未按要求开展风险辨识和隐患排查，对员工培训不到位，安排无证人员操作；装卸操作人员安全技能不足，未及时发现隐患，装卸作业中未安排专人进行现场安全检查和管理，未及时发现周围火源等事故隐患；③液化天然气供气单位未与燃气公司签订专门的安全生产管理协议，并且在承包合同、租赁合同中未约定各自的安全生产管理职责，对承包单位的安全生产工作未进行统一协调、管理，未对现场作业进行监督检查。

致因因素分析：①设备因素，放散管工艺有缺陷；②人的因素，装卸人员无证操作，未能及时发现隐患，安全意识不足；③环境因素，储罐与铁路安全距离不合规；④管理因素，未安排专人进行现场安全检查和管理；未制定安全操作规程、现场应急预案并进行演练；⑤应急响应因素，气体泄漏后未能及时正确处置，导致事故后果扩大。

（二）管网端燃气泄漏原因分析及事故案例

1. 原因分析

2020—2023 年，在 640 起已核实事故原因的天然气管网事故中，第三方施工破坏引发的事故占比最高，为 80.5%，管道腐蚀泄漏引发的事故占比为 5.6%；外力致燃气管道泄漏引发的事故占比为 4.2%。2020—2023 年全国城镇燃气管网端事故原因统计，见表 1－3。

造成管网端燃气泄漏的主要原因如下。

（1）设备因素：①设备故障，包括焊口泄漏、管道腐蚀泄漏、阀门设备泄漏，设备标定、维保不到位；②设备超期服役，设备运行年限长、老化；③设备本质安全性差，包括先进工艺、技术应用不足，缺乏有效的在线监测手段等。

表 1-3　2020—2023 年全国城镇燃气管网端事故原因统计表

序号	事故原因	2020 年			2021 年			2022 年			2023 年		
		造成事故数量/起	死亡/人	受伤/人	造成事故数量/起	死亡/人	受伤/人	造成事故数量/起	死亡/人	受伤/人	造成事故数量/起	死亡/人	受伤/人
1	焊口泄漏	1	0	0	1	3	8	3	0	0	0	0	0
2	管道阀门泄漏	1	0	0	2	0	2	2	0	0	0	0	0
3	管道腐蚀泄漏	2	0	0	14	26	138	12	0	0	8	0	0
4	外力致燃气管道泄漏	4	0	0	13	0	0	6	0	0	4	0	0
5	第三方施工破坏	54	4	20	202	0	8	115	0	23	144	2	2
6	地面沉降	1	0	0	5	0	0	3	0	0	0	0	0
7	地质灾害	2	0	0	5	0	0	1	0	0	7	0	0
8	违规操作	0	0	0	2	6	0	0	0	0	0	0	0
9	其他	1	0	0	3	0	0	14	0	0	6	2	3
总计		66	4	20	247	35	156	156	0	23	169	4	5

（2）人的因素：①意识不足，包括风险意识不强、不按要求履职、违规操作等；②运营人员能力不足，包括无证上岗、知识技能不足等。

（3）管理因素：企业管理不完善，包括安全管理制度缺失，隐患无法消除或长期未整改。

（4）环境因素：①他人的不良行为，包括第三方施工破坏、交通事故致管道损坏、其他外力因素致燃气泄漏等；②不良的环境影响，包括地质灾害、洪水等。

（5）应急响应因素：①应急响应不及时；②应急能力不足，包括缺乏专业抢维修队伍、设备；③现场处置不当；④政企联动不完善。

2. 事故案例

案例 1：大连金普新区“1·25”较大燃气泄漏爆炸事故

事故经过：2021 年 1 月 24 日 22—23 时，大连金普新区友谊街道金渤海憬小区附近的中压燃气管道出现断裂，导致大量天然气开始泄漏，并通过地下电缆线套管扩散，从电缆线通道、地下井、地下管道溢出，分别在停车场内部分车辆底部、居民楼1～2层公建外墙干挂理石框架空间内和东侧150 m处的聚鑫汽车美容维修中心二层小楼内聚集形成爆炸气体。1月25日5时40分，大连金普新区友谊街道的金渤海憬小区居民王某在启动汽车时，居民楼1～2层公建外墙干挂理石框架空间内燃气发生第一次爆炸，引起附近停放的3辆汽车起火、爆燃。6时20分左右，位于爆炸现场东侧150 m处的聚鑫汽车美容维修中心二层小楼内到达爆炸极限，遇明火后发生了二次爆炸，爆炸致聚鑫汽车美容维修中心贴邻建筑局部坍塌起火。事故造成3人死亡、6人受伤，直接经济损失约905.38万元。

直接原因：埋地管道上方的垂直载荷导致管道环焊缝起裂；事故管段底部缺乏土壤支撑，造成该管段局部悬空；管道开裂处环焊缝区域防腐涂层缺失，导致氯离子含量较高的积水对管道产生腐蚀，且管道未按设计要求设置阴极保护措施；环焊缝局部未焊透，降低了管道的承载能力，地上载荷作用在该管段系统上，在管道泄漏处形成较大拉应力，使管道底端环焊缝起裂及快速脆性断裂，造成大量天然气开始泄漏，并通过地下电缆线套管扩散，从电缆线通道、地下井、地下管道溢出，分别在停车场内部分车辆底部、住宅楼公建干挂大理石框架空间内聚集形成爆炸气体，遇明火发生第一次爆炸；进入汽车美容维修中心附近二层小楼内形成爆炸气体，遇明火发生第二次爆炸。

间接原因：①管道产权及建设单位天诚燃气公司违法建设燃气管道，未办理施工许可证，也未报送竣工验收情况；未按照设计施工，施工方式、输送介质、阴极保护设置均与设计不符；未对事故管道进行管理，未提供事故管道相关的施工档案及审批等相关材料。②管道供气单位昆仑天诚燃气公司对燃气管道管理缺失，未对供气使用的事故管道建设审批手续、施工档案进行严格审查，在资料不全的情况下供气，巡检不到位，未对流量异常采取有效措施，未及时发现安全隐患；未及时对燃气管道存在的隐患进行整改，未对无阴极保护和防腐层破坏的隐患及时整改；超区域经营。

致因因素分析：①设备因素，管道被占压，环焊缝局部未焊透，未按设计要求设置阴极保护措施，管道腐蚀严重、防腐层破损，设备老化严重；②管理因素，燃气公司存在违规操作、违法经营的问题，燃气公司存在档案资料不齐全的问题；③应急响应因素，应急处置不当，未有效控制天然气扩散积聚，导致泄漏的天然气达到爆炸极限，遇点火源发生爆炸。

案例2：十堰市张湾区艳湖社区集贸市场“6·13”重大燃气爆炸事故

事故经过：十堰市张湾区艳湖社区集贸市场“6·13”重大燃气爆炸事故

中，自接报泄漏到燃气爆炸，历时64分钟，燃气泄漏应急处置时间线见表1－4。

表1－4　十堰“6·13”燃气泄漏应急处置时间线表

时　间	有关部门处置情况	燃气企业处置情况
5时38分	十堰市110指挥中心接到罗女士报警：“41厂菜市场河道下天然气管道泄漏”，立即指令东岳公安分局南区派出所值班民警仇×祥、张×然出警处置	
5时49分至52分		十堰东风中燃城市燃气发展有限公司（以下简称十堰东风中燃公司）调度中心值班员王×先后接到两名手机用户关于“41厂菜市场有天然气泄漏，有黄色烟雾”的报告。王×遂通知管网运营部抢修队员孔×前往处置。在孔×回拨报警人询问现场情况时，调度中心接到十堰市消防救援支队119指挥中心关于41厂菜市场天然气泄漏的来电，调度中心回复119指挥中心已安排公司抢险队前往
5时53分	119指挥中心接到张湾区居民报警：“41厂菜市场河道下天然气管道泄漏”，119指挥中心遂通知十堰东风中燃公司抢险	
5时54分	119指挥中心指派东岳公安分局张湾消防中队（以下简称张湾消防中队）2辆消防车、12名消防员出警	
6时0分	值班民警仇×祥、张×然驾车到达现场，立即向报警人了解情况，并按照报警人的描述，将车直接开到艳湖桥桥头，发现桥下河道有黄色雾状气体往上飘，伴有强烈的臭味。张×然下车劝说路边围观群众“不要抽烟，赶紧离开”。仇×祥把车开到艳湖社区后，迅速从警车后备箱中取出警戒带实施现场警戒	
6时1分14秒	110指挥中心向东岳分局南区派出所发出补充指令，南区派出所所长江×出警	

表1-4（续）

时　间	有关部门处置情况	燃气企业处置情况
6时3分	艳湖社区工作人员李×（在爆炸中遇难）赶到现场，查看桥头情况	
6时4分41秒	张湾消防中队消防车到达现场	
6时5分	110指挥中心指令张湾分局东岳路派出所增援处置	十堰东风中燃公司抢修队员孔×、王×华驾车从抢修队出发，于6时14分到达现场
6时6分	110指挥中心向119指挥中心通报警情	
6时7分	民警仇×祥在云南路路口处摆放锥形桶、拉警戒带并封闭道路，边劝导疏散群众边向110指挥中心报告：“这里有危险！需增派警力！”随后，仇×祥和张×然在桥上会合，商量封闭另一个路口的事宜	
6时8分	艳湖社区工作人员李×拿口罩等防护用品再次返回现场，在桥头处观察现场后进入河道查看	
6时10分	张湾消防中队消防队员沿艳湖巷墙脚往西走，并顺着桥边的梯子下到河床上，发现桥下大量的黄色雾状气体往外涌。陈×、肖×佩戴空气呼吸器进桥侦查，察看洞内情况，由于烟雾量大、光线昏暗，为确保安全，两人退出至河道梯子附近观察。其他消防队员大多下车在市场路维持秩序，广播提醒，警戒并劝离围观群众	
6时16分		孔×向十堰东风中燃公司抢修队队长李×涛报告：“现场黄色雾气大，有漏气啸叫声，味道刺鼻，无法进入河道查漏施救。”李×涛指令两名抢修队员立即关闭中压阀门
6时22分		抢修队员孔×、王×华到达车城路与云南路交叉口处，关闭燃气管网截断阀门，切断事故区域气源

表 1-4（续）

时　间	有关部门处置情况	燃气企业处置情况
6 时 27 分		抢修队员孔 ×、王 × 华关闭管道上游阀门后开车返回涉事故建筑物西侧艳湖桥面
6 时 30 分至 38 分	两名民警和十堰东风中燃公司抢修队员孔 ×、王 × 华进入桥下河道观察处置。随后，抢修队员王 × 华告知公安、消防人员处置结束、可以撤离，民警提出在现场继续观察并警戒 15 分钟。119 指挥中心要求继续做好现场安全监护	6 时 30 分至 38 分，抢修队员孔 ×、王 × 华和两名民警进入桥下河道观察处置，由于桥洞内光线昏暗，无法进入侦查。此时桥洞内泄漏声消失，外涌的黄色天然气颜色逐渐变淡，流速变缓，灰尘减少。王 × 华告知现场消防人员、民警："阀门已经关闭，没啥事了，你们可以回去了。"
6 时 38 分至 40 分	两名民警从桥下上到桥面，继续实施现场警戒和劝离群众	王 × 华和孔 × 返回桥上，到车上拿工具去关闭西侧艳湖小区调压器（至事故发生时没有关闭）
6 时 42 分 1 秒	发生爆炸	

直接原因：天然气中压钢管严重腐蚀破裂造成天然气泄漏，泄漏的天然气在集贸市场涉事故建筑物下方河道内密闭空间积聚，遇餐饮商户排油烟管道排出的火星发生爆炸。

间接原因：①违规建设造成事故隐患，东风燃气公司未经主管部门审批同意铺设涉事故管道，且违规对事故管道中压支管进行局部改造；②东风中燃公司事故隐患排查整改制度不落实，涉事故管道隐患长期未消除，管道安全监测维护不到位，未对事故管道进行巡查；应急预案形同虚设、运行维护和抢修人员配备不到位、安全生产教育培训不到位、安全生产投入保障不足、未按规定报告生产安全事故；③物业安全管理混乱，润联物业管理有限公司安全管理制度未落实；④企业应急处置严重错误，十堰东风中燃公司应急管理责任不落实，应急预案流于形式，应急反应迟缓，企业主要负责人没有赶往事故现场指挥应急处置等；⑤地方政企之间应急联动不完善，基层应急处置能力不足、经验不够。

致因因素分析：①设备方面，管道老化腐蚀严重；②人的因素，违规对涉事故中压支管进行局部改造；长期未对涉事故管道进行巡查，致使隐患长期未消除；人员意识不足；③管理因素，企业对安全检测维护等制度执行不到位的情况失管失察；④应急响应因素，企业应急处置严重错误，应急预案流于形式，抢修人员配备不到位等，地方政企之间应急联动不完善，基层应急处置能力不足、经验不够。

（三）用户端燃气泄漏原因分析及事故案例

1. 原因分析

2020—2023 年，在 199 起已核实事故原因的天然气用户事故中，软管问题仍然是主要问题，软管脱落、软管被动物咬噬、软管老化破损引发的事故占比为 26.1%；其次为燃具本质安全性不高导致的事故，燃气具不合格、灶具熄火保护失效、燃气具蚀损泄漏引发的事故占比为 23.6%。

近 4 年全国城镇燃气用户端事故原因统计，见表 1－5。

表 1－5　2020—2023 年全国城镇燃气用户端事故原因统计表

序号	事故原因	2020 年			2021 年			2022 年			2023 年		
		造成事故数量/起	死亡/人	受伤/人	造成事故数量/起	死亡/人	受伤/人	造成事故数量/起	死亡/人	受伤/人	造成事故数量/起	死亡/人	受伤/人
1	软管脱落	16	3	0	4	0	2	1	0	1	2	0	0
2	软管动物咬噬	8	0	0	6	0	1	3	0	0	5	0	3
3	软管老化破损	3	0	0	3	0	0	1	0	0	0	0	0
4	燃气具不合格	3	0	0	6	0	0	4	0	8	6	0	0
5	灶具熄火保护失效	6	0	0	4	0	3	0	0	0	11	0	0
6	燃气具蚀损泄漏	2	0	0	4	0	0	0	0	0	1	0	3
7	金属管道损坏泄漏	2	0	0	0	0	0	3	0	0	4	0	0
8	阀门泄漏	0	0	0	2	0	0	1	0	1	0	0	0
9	立管接口泄漏	0	0	0	1	0	0	0	0	0	0	0	0
10	外力因素致燃气泄漏	15	8	0	9	3	3	1	0	0	4	2	8
11	私自接、改管道	3	0	0	12	0	3	3	0	5	3	0	0

表 1-5（续）

序号	事故原因	2020 年			2021 年			2022 年			2023 年		
		造成事故数量/起	死亡/人	受伤/人	造成事故数量/起	死亡/人	受伤/人	造成事故数量/起	死亡/人	受伤/人	造成事故数量/起	死亡/人	受伤/人
12	人员违规操作	1	0	0	2	5	52	0	0	0	1	0	2
13	室外燃气泄漏窜入室内	5	0	2	3	2	8	1	0	2	0	0	0
14	其他	5	1	2	1	0	2	4	5	2	4	0	84
总计		69	12	4	57	10	74	22	5	19	41	2	100

造成用户端燃气泄漏的主要原因如下。

（1）设备因素：用气设备、软管、立管、阀门等设备设施质量不合格，设备故障等。

（2）人的因素：意识不足、能力不足，以及人为破坏等。

（3）管理因素：法律法规不健全、制度缺失、监管不到位、管理手段信息化水平低等。

（4）环境因素：自身使用环境不良、室外泄漏窜入户内、他人不良行为等。

（5）应急响应因素：应急响应不及时、应急响应措施不到位、应急救援设备不全面等。

2. 事故案例

案例 1：建华区“4·29”金融街燃气爆炸事故

事故经过：2020 年 4 月 29 日 11 时 50 分左右，齐齐哈尔市建华区金融街北楼 3006 室发生燃气爆炸，造成 1 人死亡、3 人受伤。

直接原因：燃气表表后阀与胶管未有效连接，导致天然气泄漏，遇不明火源后发生爆燃。

间接原因：管道燃气经营企业对用户室内的燃气泄漏报警和自动切断装置设施的运行、维护不到位。

致因因素分析：①设备因素，燃气表表后阀与胶管未有效连接；②人的因素，用户安全意识缺乏，承租人在租住使用期间未及时检查燃气设施；经现场勘察未见报警器机身，仅剩报警器与切断装置连接线，报警系统未发挥作用；③管理因素，管道燃气经营企业对用户室内的燃气泄漏报警和自动切断装置设施的运行、维护不到位。

案例 2：嘉峪关市迎宾三小区“9·4”天然气爆炸事故

事故经过：2019 年 9 月 4 日 7 时 30 分，嘉峪关市第四建筑安装工程公司职工使用施工升降吊篮对棚户区改造项目楼体进行外墙保温安装和涂料粉刷施工作业。8 时 30 分，在操作吊篮下降过程中，吊篮碰撞 20 号楼 3 单元 2 楼天然气围楼管，导致天然气管道破损，燃气泄漏。燃气泄漏发生后，施工单位向建设、监理单位进行了报告，并使用吊篮安全绳对事故现场进行警戒。相关人员于 8 时 42 分向嘉峪关汇能天然气有限责任公司（以下简称天然气公司）电话报警抢修，8 时 45 分，接通天然气公司维修电话。由于抢修人员没有到位，8 时 53 分，相关人员再次拨打天然气公司报警电话，9 时 3 分，天然气公司抢修人员仅 1 人到现场对事故进行应急处置，但其未携带任何维修设备、材料及检测设备。9 时 7 分，天然气公司第 2 名抢修人员到达现场，确认了泄漏发生部位，但其也没有携带维修工具，通过借用现场施工单位工具，将位于 20 号楼东侧的楼栋调压箱内的天然气总阀关闭。同时，该楼 3 单元住户在外出时于 9 时 7 分拨打 119 报警电话报警。9 时 10 分，天然气公司抢险人员 2 人到达现场，共 4 人在现场对泄漏事故进行抢修。此时，20 号楼天然气总阀已关闭，抢修人员对现场（不含室内）可燃气体浓度进行了检测。经检测，现场可燃气体浓度为零，抢险人员其中 1 人于 9 时 20 分离开现场。嘉峪关市消防应急救援机构于 9 时 20 分左右到达现场，在现场询问天然气公司工作人员并提供警戒带后于 9 时 32 分离开现场。9 时 40 分，天然气公司中心站相关管理人员陆续到达现场并将整个小区天然气阀门进行了关闭。9 时 50 分至 10 时 4 分，参加应急处置抢险工作的剩余 3 名维修抢险人员全部离开现场。10 时 5 分左右，20 号楼 3 单元 201 室内发生爆炸，事故造成 1 人死亡、4 人受伤。

直接原因：天然气泄漏后，现场应急处置不力，致使天然气扩散到室内并积聚达到爆炸极限，遇点火源发生爆炸。

间接原因：事故相关单位安全生产主体责任不落实，安全管理体系、制度不健全，应急处置能力不足，重点部位安全防护措施缺失，未按相关法律、标准规定履行生产经营场所重大危险源安全管理职责，安全教育培训工作不到位。

致因因素分析：①人的因素，天然气公司先期抵达现场的抢修人员能力不足，未携带维修工具、未开展探边和疏散，仅采取了关闭阀门的措施；②管理因素，事故相关单位安全生产主体责任不落实，制度、预案不完善，人员培训效果不佳；③环境因素，天然气管道位于楼外，更容易受建筑主体改造施工影响；④应急响应因素，在天然气发生泄漏后，天然气企业应急救援迟缓，处置程序不规范，现场处置措施不力，在应急处置过程中未对次生、衍生事故隐患进行全面排查。

第二章　城镇燃气泄漏应急处置原则、要点、流程与关键角色

第一节　城镇燃气泄漏应急处置原则与要点

城镇燃气泄漏应急处置应遵循“黄金 30 分钟”原则和 8 项要点，突出抢先抓早，将事故遏制在萌芽阶段，持续推进应急体系和应急能力的全面提升。

一、城镇燃气泄漏应急处置原则

城镇燃气泄漏应急处置“黄金 30 分钟”原则包含以下两层内涵。

第一层内涵是努力做到燃气泄漏突发事件接警 30 分钟内实现事态初步控制，有效避免事故发生。第一个 10 分钟是“第一时间”，指的是自接警到调派“机动哨兵”抵达现场的处置阶段，需要完成接警报告、应急预警、引导警戒等处置工作；第二个 10 分钟是“第一现场”，指的是“机动哨兵”抵达现场到专业抢险人员抵达现场的处置阶段，需要完成报警对接、信息核实、泄漏确认、信息反馈、警戒疏散、工艺处置等工作；第三个 10 分钟是“第一应对”，指的是“应急处置专员”和专业抢险人员抵达现场至现场风险受控的处置阶段，需要完成检测探边、警戒疏散、动态反馈、启动响应、事件报告、信息通报等工作。

第二层内涵是应对突发事件“三个第一”理念，是第一层内涵的深化。“第一时间”强调各个环节应急处置过程要快，接警报告要快、应急预警要快、响应启动要快、事态控制更要快；“第一现场”强调接警人员对现场初步画像要对，“机动哨兵”到达现场判断事态要准，“应急处置专员”应对现场环境研判要清；“第一应对”强调每一个参与突发事件应对的人员，必须清楚自身职责和任务，具备基本的研判能力，牢固掌握应对措施，在紧急情况下准确采取措施，

进而有效控制事态。

二、城镇燃气泄漏应急处置要点

围绕“黄金30分钟”原则，燃气泄漏应急处置要重点把握8项要点。

（1）坚持以人为本。应急处置要以保障人民群众生命安全为首要目标，通过改进应急处置流程、完善应急物资装备、优化技术手段等方式，优先保障人民群众的生命安全，最大限度控制事态发展，严防发生次生灾害。

（2）快速接警报告。接警人员应依据接警问询标准指引，完整记录相关信息，快速完成接警报告、应急预警，并根据接警信息和问询快速实现突发事件初次画像。

（3）同步派工派警。遵循就近原则，接警人员第一时间发送派工派警信息，就近调派具备处置能力的“机动哨兵”携带相关工器具快速抵达现场。

（4）培养“应急处置专员”。在城镇燃气业务区域内，分阶段、分批次培养“应急处置专员”，使其具备燃气专业知识、指挥领导能力、内外部沟通协调能力，紧急情况下具有处置资格、处置技能、指挥权限和资源调用权限，能够带领抢险队伍快速控制事态。

（5）实现联防联控。与政府消防、应急等主管部门紧密协作、高效联动，做好现场疏散、警戒、禁火等处置工作，同时做好与社区、物业、群众的现场处置联控工作。

（6）加强舆情控制。动态开展舆情监控，及时报告情况，本着及时发声、消除影响、彰显责任、维护形象的原则，做好与媒体沟通、舆论引导等工作，避免引起社会恐慌和人员围观。

（7）强化科技兴安。落实信息化建设，开展生产管理系统建设应用，快速进行各方信息传递，高效开展应急指挥；通过应用GIS（Geographic Information System，地理信息系统）技术建立燃气设施数字地图，准确定位燃气管道，实现智能关阀分析、影响用户区域分析，并自动生成应急处置方案，自动调阅周边应急资源。

（8）突出“两高一密闭”。在探边检测环节，要重点关注“两高一密闭”区域，必须安排专人负责监测，避免发生燃气积聚引发爆燃，导致重大人员伤亡。“两高一密闭”区域，指高风险管段、高后果区、密闭空间。

第二节　城镇燃气泄漏应急处置流程与关键角色

一、城镇燃气泄漏应急处置流程

城镇燃气泄漏应急处置流程分为接警报告、应急预警、响应启动、事态控制、现场抢修、恢复供气、解除应急7个应急处置阶段，如图2－1所示。

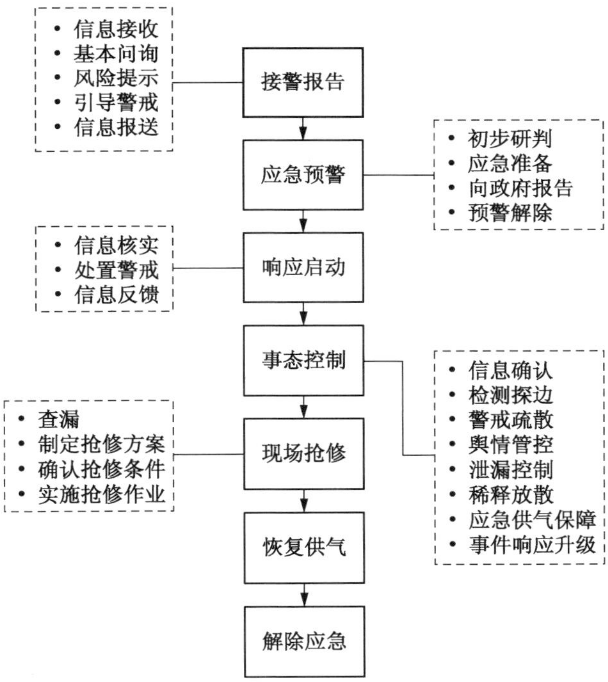

图2－1　城镇燃气泄漏应急处置流程图

（1）接警报告。该阶段是在突发事件初期获取信息的首要环节，是做好后续风险研判和应急响应的首要条件，要遵循生命至上、以人为本、信息完整准确、早期控制、信息共享的原则。接警报告的具体内容包括信息接收、基本问询、风险提示、引导警戒、信息报送等处置工作。

（2）应急预警。根据接警报告获取的信息，快速研判事态趋势，及时传递预警信息，开展应急准备，协调调动应急专家、专业队伍和物资装备等应急资源支持。应急预警的具体内容包括初步研判、应急准备、向政府报告、预警解除等处置工作。

（3）响应启动。根据应急预警情况，按照事件严重程度，决定启动“机动哨兵”或（和）抢险队伍：当研判为燃气泄漏或事态严重时，同时启动“机动哨兵”和抢险队伍响应；当研判为疑似燃气泄漏或事态可控时，可先启动“机动哨兵”响应，经“机动哨兵”现场核实后，视情况启动抢险队伍响应。响应启动的具体内容包括信息核实、处置警戒、信息反馈等处置工作。

（4）事态控制。该阶段是应急处置的核心阶段，应尽快对泄漏点、泄漏影响范围、周边群众、舆情等进行控制，最大限度降低事件演化为事故的可能性、减小事件影响。事态控制的具体内容包括信息确认、检测探边、警戒疏散、舆情管控、泄漏控制、稀释放散、应急供气保障、事件响应升级等处置工作。

（5）现场抢修。事态得以控制后，燃气企业便可以根据实际情况制定并实施抢修方案，恢复生产条件。现场抢修的具体内容包括查漏、制定抢修方案、确认抢修条件、实施抢修作业等处置工作。

（6）恢复供气。现场抢修结束，按照《城镇燃气设施运行、维护和抢修安全技术规程》要求恢复供气。

（7）解除应急。如果满足解除应急条件，则可以解除应急，并开展善后、事件调查、应急评估等工作。

二、城镇燃气泄漏应急处置关键角色

关键角色是指在应急处置关键环节起到关键作用，能够解决当前燃气泄漏应急处置痛点的人员，分别是“接警人员”“机动哨兵”和“应急处置专员”。在7个应急处置阶段中，接警报告、响应启动、事态控制对整个应急处置至关重要，也是燃气企业应急处置比较薄弱的环节，如果银川“6·21”事故中，接警人员提示烧烤店立即进行人员疏散，如果十堰“6·13”事故中，现场抢修人员能够做好信息核实，并采取检测探边、警戒疏散等措施，悲剧或许就不会发生。

（1）接警人员。接警人员是指接收突发事件信息的人员，一般为调度中心人员或客服人员，重点解决应急响应时间滞后的问题。燃气企业应为接警人员制定专用问询指引，通过对报警人进行简明扼要的问询，在保障报警人安全的前提下，充分把握报警人直面现场的时机，使接警人员快速了解现场情况，迅速做出初步研判，报告企业相关应急管理人员，提升接警能力和处置效率。

（2）机动哨兵。“机动哨兵”可依托燃气企业巡线人员、社区/村燃气协调员等人群，重点解决应急响应滞后、事件研判缺乏必要的信息等问题。“机动哨兵”应具备一定的燃气专业知识、具备基本判断和初期处置能力，配备基础工器具，能够快速抵达现场、准确判断事件类型、开展初期处置。

（3）应急处置专员。“应急处置专员”重点解决因现场指挥调度混乱、事件研判不准确、装备物资配备不齐等引发的事态控制不力问题，每个企业至少配备2名应急处置专员。

第三章　管网端燃气泄漏应急处置流程

第一节　城镇街道不明泄漏

本指导流程适用于管网端（城镇街道）不明泄漏的应急处置。

管网端（城镇街道）不明泄漏应急处置流程一般分为接警报告、应急预警、响应启动、事态控制、现场抢修、恢复供气、解除应急7个阶段。

一、接警报告

（一）信息接收

燃气企业应设置并对外公布24小时报警电话；接警电话要具有录音功能，录音存储时间不少于30天；接警岗位要保证24小时有人在岗值班。

（二）基本问询

接警人员开展基本问询，并进行事故初期画像，问询内容包括但不限于以下内容。

（1）地点：街区、地标、周边燃气设施、标识。

（2）身份：报警人姓名、电话、着装标志。

（3）周边环境：是否有施工动土、人员伤亡，是否有明显的燃气泄漏现象。

（三）风险提示

基本问询后，接警人员应对报警人做以下风险提示。

（1）告知报警人燃气易燃易爆的危险特性，现场保持禁火禁电。

（2）告知报警人远离有气味的区域，向上风向转移。

（3）必要时，告知报警人实施紧急避险。

（四）引导警戒

风险提示后，接警人员在征询报警人的意愿和能力的前提下，争取报警人协助开展现场引导和警戒工作，并承诺对报警人给予相应奖励。

（1）劝导周边人群撤离或远离疑似泄漏区域。

（2）尽量维持现场警戒，限制人员及车辆进入疑似燃气泄漏区域。

（3）疑似泄漏位置邻近道路的，应指导报警人尽可能疏散车辆，并封锁道路。

（五）信息报送

接警人员在接警全过程中，要及时、准确、完整地记录和整理信息，同级共享和逐级报送，对接警信息进行先期研判，便于快速、准确启动预警及响应。

（1）根据事故性质和严重程度，灵活采用信息系统、电话、呼喊、一键报警等不同方式进行信息传递。

（2）保持与报警人的联系，确保信息的及时更新和有效传递。

二、应急预警

为快速研判事态趋势，及时传递预警信息，开展应急准备，协调调动应急专家、专业队伍和物资装备等应急资源支持，具体开展以下工作。

（一）初步研判

根据事故性质、严重程度、影响范围和可控性，结合预警和响应分级明确的条件，初步研判预警和响应级别。

（二）应急准备

按照初步研判结果，开展应急准备工作。

（1）第一时间派工派警。立即调派周边具备处置能力的机动哨兵快速抵达现场，并向其传递报警地点、报警人、电话、数字地图等派工信息，同步派工派警。

（2）同步应急资源准备。组织企业各相关部门依据预案规定的职责和分工要求开展相应应急资源准备。

（3）必要时应急联动。当初判燃气泄漏和对周边影响较大时，立即报告政府、应急、消防、交通、社区物业、相关方等开展联动响应。

（三）向政府报告

事发企业应根据法律法规和当地政府规定，同时向当地政府有关部门报告突发事件信息。

（四）预警解除

当符合预警解除条件时，经核实批准后，实施预警解除。

三、响应启动

当在应急预警阶段研判为疑似燃气泄漏或事态可控时，由机动哨兵开展先期处置；当在应急预警阶段研判确认燃气泄漏或事态严重时，应直接启动抢险队伍响应线；当机动哨兵现场确认泄漏严重后，应立即启动抢险队伍响应线。

（一）信息核实

机动哨兵抵达现场后，同报警人快速对以下信息进行核实：是否为燃气泄漏、具体泄漏地点、是否存在燃气窜入周边密闭空间的情况、当前事态、事件原因初判等。当现场无报警人员时，应根据派工派警指令对现场进行核实，进行事故再次画像。

如核实确为燃气泄漏，机动哨兵应立即回复应急中心，请求应急中心报警110给予支援。

（二）处置警戒

机动哨兵应同步开展周边环境气体检测，一旦确认泄漏情况，在保证自身安全的情况下，尽可能疏散现场；利用地理信息系统确定泄漏区域管道位置及详细数据，维护现场等待后援；在条件允许的条件下可开展探边工作。

110到达现场后，立即请求110协助警戒疏散，并进一步封锁道路。

（三）信息反馈

机动哨兵应持续跟踪周边环境事态变化，并与应急中心保持专线联系，动态反馈现场情况，包括当前事态、先期处置进展情况、舆情状况等。

四、事态控制

（一）信息确认

应急处置专员抵达现场后，同机动哨兵/报警人快速对接核实和确认信息，并指挥抢险队伍开展检测探边、警戒疏散、泄漏控制、稀释放散等处置工作。

（二）检测探边

现场禁火禁电，开展气体检测，确定警戒范围。具体包括燃气种类分析检测（使用不同的检测仪器进行对比检测），燃气浓度检测（包括地上、地下、室内外的空间检测）、远程压力监测、远程流量监测、有毒有害气体检测等。

根据检测结果，查找划定达到燃气爆炸下限20%（即1% VOL）的边界和燃气浓度为0的边界，具体包括以下内容。

（1）地上探边，包括临街商铺、停靠车辆等内部区域，以及绿化带、道路等外部区域。

（2）地下探边：包括地下室、半地下室等区域。

（3）沟井管道探边：包括给水、暖气、电力、电信等全部阀井、窨井、地下综合管廊。对发现有燃气浓度的沟井，应沿敷设管线向外扩展探测，查找燃气窜气蔓延的边界。

（4）检测探边应重点关注“两高一密闭”、敷设有套管的管道井和特殊敏感区域。

（三）警戒疏散

（1）依据探边情况，动态调整警戒范围。警戒的内容应包括阻拦无关人员进入危险区域、实时监测警戒线处的监测数据、监护危险区域内的作业人员等。应设置以下区域。

① 高风险区域：以可燃气体浓度达到爆炸下限的20%（1% VOL）为边界划定区域，应布置警戒线及警示标识、实施燃气浓度检测监控、风向监控，区域内应采取进入许可、作业许可等安全措施。

② 人员疏散区域：爆炸影响范围为人员疏散区域，外围警戒应布置警戒线及标识，采取禁入措施。

（2）当泄漏影响公共交通道路时，应划定警戒区域，并实行交通管制。

（四）泄漏控制

1. 控制阀门

（1）关阀。当发生不明泄漏，泄漏量或影响面积较大时，应首先考虑关闭泄漏管段上、下游阀门控制局面。当出现泄漏区域内存在多条管线情况，关阀应由低向高逐级、逐段关闭。关阀时应对关闭的管段进行压力检测，通过压力检测结果判定泄漏管段的位置，当确定泄漏管段后，进行主动放散泄压修复（调压箱放散、阀门放散孔引出放散）。

（2）控阀。发生燃气不明泄漏一般不采用控阀处理。当确定了泄漏管段，且泄漏量和影响面积较小时，为降低恢复难度，可采用控阀、放散（调压箱放散、阀门放散孔引出放散）降压修复处置，应有专人专门监测装置监控燃气压力变化（根据不同燃气种类，控制在300～800 Pa范围），降压过程中应控制降压速度，严禁管道内产生负压。

涉及停气或降压时，应考虑下游用户的用气情况，并及时告知用户与相关部门停供信息。

2. 稀释放散

（1）环境浓度稀释。通过对泄漏管段周边建筑物、管沟、阀井、窨井、检测探孔等采取自然开放通风（如开盖通气）、防爆轴流风机强制通风等方法稀释泄漏的燃气，降低燃气浓度。当查漏开挖管沟后，聚集在土壤中的燃气会出现泄放，应根据情况及时使用防爆轴流风机强制通风。

（2）管道燃气放散。当确定了泄漏管段，且泄漏量较小时，应通过放散装置（如调压箱放散管、由阀门放散孔引出放散管）进行放散，尽量避免泄漏点周围燃气的浓度上升及泄漏范围的扩大。

（五）舆情管控

本着及时发声、消除影响、彰显责任、维护形象等原则，燃气企业应始终做好舆情监控，及时报告情况，做好媒体沟通，加强舆论引导，并及时对外发布相关信息。

（六）应急供气保障

当突发事件对供气造成影响时，在保证安全的前提下，可以根据事态严重程度，酌情启动应急供气保障，减少燃气泄漏及其他事故的影响范围和后果。

（七）事故响应升级

如出现次生或衍生事故导致事态升级、超出本企业应急控制能力、可能波及周边区域时，燃气企业应及时向上级公司请求支援，同时立即报告政府、应急、消防、交通、相关方等开展联动响应。

五、现场抢修

事态得到控制后，实现现场抢修。现场抢修应持续、动态开展风险评估，关注周边燃气浓度变化，控制人员进场，注意抢修作业方式，避免发生次生、衍生事故。如涉及地下燃气设施抢修，应根据现场情况设置隔离沟。

（一）查漏

（1）根据竣工图、管线地理信息、燃气设施分布、管道走向等实际情况，结合现场检测、实际勘查的结果情况，初步分析判断泄漏原因和泄漏管段。

（2）综合运用压力检测、流量监测、燃气浓度检测、中心区域钻孔取样检测、循迹检测、观察土壤变化、分段打压查漏法、挖探坑查漏法、探坑注水查漏法、添加香味剂颜色剂、排查焊点法等多种方法查找漏点，注意考虑第二泄漏点。

（二）制定抢修方案

依托现场处置方案，结合现场环境和专家意见，制定抢修实施方案，并进行技术交底。

（三）确认抢修条件

（1）周边环境通风，可燃气体浓度、一氧化碳、二氧化硫等有毒有害气体及氧含量浓度确认。

（2）机具配备确认。

（3）人员能力确认。

（4）作业环境确认。

（5）安全防护措施落实确认。

（6）监督、监护、监测人员到位确认。

（7）气源控制情况确认。

（四）实施抢修作业

1. 按照抢修方案，实施抢修作业

核对竣工图及管线地理信息，收集并确认其他专业管线的点位、埋深等情况，及时挖出泄漏处管沟土方。在抢修焊接过程中，要用轴流风机强制排出管沟的天然气，并进行不间断的可燃气体检测和安全监护。准备措施如下。

（1）将管沟内聚集的天然气自由挥发一段时间。当管沟内漏气量很大时，先进行可燃气体浓度稀释，在管沟一端安放防爆轴流风机将管沟内的天然气吹出。

（2）用可燃气体探测仪测量管沟内天然气浓度，其浓度必须小于爆炸下限的 20%；气体浓度检测合格后，方可施工。

（3）将沟内管槽内覆土清除，其间实时监测天然气浓度，保证施工人员的安全。

（4）所有抢修人员进入管沟前必须采取消除静电措施，必要时要戴呼吸装备方可进入。

2. 修复质量验收（包括严密性试验、压力试验等安全测试）

完成修复后，应对事故点周边夹层、窨井、烟道、地下管线和建（构）筑物等场所进行全面检查，应安排对事故点进行 24 小时重点监护，临时性补救要在有效期内及时整改。

3. 后续监测

24 小时之内对修复泄漏部位进行全面检测，一周之内再次进行复查。

六、恢复供气

应按《城镇燃气设施运行、维护和抢修安全技术规程》（CJJ 51—2016）要求，对受影响场所的燃气设备设施进行安全试验、恢复供气。

1. 恢复供气环节的重点关注事项

（1）不宜于夜间 22:00 至次日凌晨 6:00 实施严密性检测。

（2）管网端应持续检测周边沟井涵渠等密闭、半密闭空间是否有燃气残留。

（3）提前编制置换方案，并通知相关用户。

（4）全面检查燃气设施，对停气用户逐户点火复气。

2. 严禁恢复供气的情况

（1）抢修现场曾检测到燃气浓度显示，但没有找到泄漏原因的。

（2）抢修现场发现漏点后，泄漏没有彻底处理或根源没有消除的。

（3）抢修现场燃气浓度仍然超标的。

（4）没有进行置换通气前的安全检查和试验的。

（5）没有通知相关用户的。

七、解除应急

（1）现场维修完毕，经持续监测泄漏区域及相连管沟区域，确认燃气再无泄漏可能，宣布解除应急状态。

（2）积极配合政府和公安部门做好事故调查及责任认定。

（3）整理应急过程记录，编写现场应急工作总结报告。

（4）做好后期的舆情监测和应对，根据需要组织信息发布，说明突发事件处理完毕后的调查结果、采取的措施、善后处理的安排及预防改进措施等。

（5）根据应急职责分配，相关部门负责对总结报告所提出改进措施落实情况进行检查和督办。

第二节　城镇街道已知漏点泄漏

本指导流程适用于管网端（城镇街道）已知漏点泄漏的应急处置。

管网端（城镇街道）已知漏点泄漏应急处置流程一般分为接警报告、应急预警、响应启动、事态控制、现场抢修、恢复供气、解除应急7个阶段。

一、接警报告

（一）信息接收

燃气企业应设置并对外公布24小时报警电话；接警电话要具有录音功能，录音存储时间不少于30天；接警岗位要保证24小时有人在岗值班。

（二）基本问询

接警人员开展基本问询，并进行事故初期画像，问询内容包括但不限于以下内容。

（1）地点：街区、地标、泄漏位置（地上或地下）。

（2）身份：报警人姓名、电话、着装标志。

（3）周边环境：是否有施工动土、人员伤亡和物品损坏。

（三）风险提示

基本问询后，接警人员应对报警人做以下风险提示。

（1）告知报警人燃气易燃易爆的危险特性，现场保持禁火禁电。

（2）告知报警人远离有气味的区域，向上风向转移。

（3）必要时告知报警人实施紧急避险。

（四）引导警戒

风险提示后，接警人员在征询报警人的意愿和能力的前提下，争取报警人协助开展现场引导和警戒工作，并承诺对报警人给予相应奖励。

（1）劝导周边人群撤离或远离泄漏区域。

（2）尽量维持现场警戒，限制人员及车辆进入燃气泄漏区域。

（3）泄漏位置邻近道路的，应指导报警人尽可能疏散车辆，并封锁道路。

（五）信息报送

接警人员在接警全过程中，要及时、准确、完整地记录和整理信息，同级共享和逐级报送，对接警信息进行先期研判；便于快速、准确启动预警及响应。

（1）根据事故性质和严重程度，灵活采用信息系统、电话、呼喊、一键报警等不同方式进行信息传递。

（2）保持与报警人联系，确保信息的及时更新和有效传递。

二、应急预警

为快速研判事态趋势，及时传递预警信息，开展应急准备，协调调动应急专家、专业队伍和物资装备等应急资源支持，具体开展以下工作。

（一）初步研判

根据事故性质、严重程度、影响范围和可控性，结合预警和响应分级明确的条件，初步研判预警和响应级别。

（二）应急准备

按照初步研判结果，开展应急准备工作。

（1）第一时间派工派警。立即调派周边具备处置能力的机动哨兵快速抵达现场，并向其传递报警地点、报警人、电话、数字地图等派工信息，同步派工派警。

（2）同步应急资源准备。组织企业各相关部门依据预案规定的职责和分工要求开展相应应急资源准备。

(3) 必要时应急联动。当初判燃气泄漏和对周边影响较大时，立即报告政府、应急、消防、交通、社区物业、相关方等开展联动响应。

(三) 向政府报告

事发企业应根据法律法规和当地政府规定，同时向当地政府有关部门报告突发事件信息。

(四) 预警解除

当符合预警解除条件时，经核实批准后，实施预警解除。

三、响应启动

当在应急预警阶段研判为疑似燃气泄漏或事态可控时，由机动哨兵开展先期处置；当在应急预警阶段研判确认燃气泄漏或事态严重时，应直接启动抢险队伍响应线；当机动哨兵现场确认泄漏严重后，应立即启动抢险队伍响应线。

(一) 信息核实

机动哨兵抵达现场后，同报警人快速对以下信息进行核实：泄漏具体位置、是否存在燃气窜入周边密闭空间的情况、当前事态、事件原因初判等。当现场无报警人时，应根据派工派警指令对现场进行核实，进行事故再次画像。

如核实确为燃气泄漏，机动哨兵应立即回复应急中心，请求应急中心报警110给予支援。

(二) 现场警戒

机动哨兵在保证自身安全的情况下，尽可能疏散现场；利用地理信息系统确定泄漏区域管道位置及详细数据，维护现场等待后援；在条件允许的情况下可开展探边工作。

110到达现场后，立即请求110协助警戒疏散，并进一步封锁道路。

(三) 信息反馈

机动哨兵应持续跟踪周边环境和事态变化，与应急中心保持专线联系，动态反馈现场事态，包括当前事态、先期处置进展、舆情状况等。

四、事态控制

(一) 信息确认

应急处置专员抵达现场后，同机动哨兵/报警人快速对接核实和确认信息，并指挥抢险队伍开展检测探边、警戒疏散、泄漏控制、稀释放散等处置工作。

（二）检测探边

现场禁火禁电，开展气体检测，具体包括燃气浓度检测（包括地上、地下、室内外的空间检测）、远程压力监测、远程流量监测、有毒有害气体检测等。

根据检测结果，查找划定达到燃气爆炸下限20%（即1% VOL）的边界和燃气浓度为0的边界，具体包括以下内容。

（1）地上探边：包括临街商铺、停靠车辆等内部区域及绿化带、道路等外部区域。

（2）地下探边：包括地下室、半地下室等区域。

（3）沟井管道探边：包括给水、暖气、电力、电信等全部阀井、窨井、地下综合管廊。对发现有燃气浓度的沟井，应沿敷设管线向外扩展探测，查找燃气窜气蔓延的边界。

（4）检测探边应重点关注“两高一密闭”、敷设有套管的管道井和特殊敏感区域。

（三）警戒疏散

（1）依据探边情况，动态调整警戒范围。警戒的内容应包括阻拦无关人员进入危险区域、实时监测警戒线处的监测数据、监护危险区域内的作业人员等。应设置以下区域。

① 高风险区域：以可燃气体浓度达到爆炸下限20%（1% VOL）为边界划定区域，应布置警戒线及警示标识、实施燃气浓度检测监控、风向监控、入口设置静电释放装置，区域内应采取进入许可、作业审批等安全措施。

② 人员疏散区域：爆炸影响范围为人员疏散区域，外围警戒应布置警戒线及标识，采取禁入措施。

（2）当泄漏影响公共交通道路时，应划定警戒区域，并实行交通管制。

（四）泄漏控制

1. 控制阀门

（1）关阀。当泄漏量或影响面积较大时，应首先考虑关闭泄漏管段上、下游阀门控制局面。当出现泄漏区域内存在多条管线情况，关阀应由低向高逐级、逐段关闭，进行主动放散泄压修复（调压箱放散、阀门放散孔引出放散）。

（2）控阀。当泄漏量和影响面积较小时，为降低恢复难度，可采用控阀、放散（调压箱放散、阀门放散孔引出放散）降压修复处置，应有专人专门监测装置监控燃气压力变化（根据不同燃气种类，控制在300～800 Pa范围），降压过程中应控制降压速度，严禁管道内产生负压。

涉及停气或降压时，应考虑下游用户的用气情况，并及时告知用户与相关部门停供信息。

2. 稀释放散

（1）环境浓度稀释。通过对泄漏管段周边建筑物、管沟、阀井、窨井、检测探孔等采取自然开放通风（如开盖通气）、防爆轴流风机强制通风等方法稀释泄漏的燃气，降低燃气浓度。当查漏开挖管沟后，聚集在土壤中的燃气会出现泄放，应根据情况及时使用防爆轴流风机强制通风。

（2）管道燃气放散。当确定了泄漏管段，且泄漏量较小时，应通过放散装置（如调压箱放散管、由阀门放散孔引出放散管）进行放散，尽量避免泄漏点周围燃气的浓度上升、泄漏范围扩大。

（五）舆情管控

本着及时发声、消除影响、彰显责任、维护形象等原则，燃气企业应始终做好舆情监控，及时报告情况，做好媒体沟通，加强舆论引导，并及时对外发布相关信息。

（六）应急供气保障

当突发事件对供气造成影响时，可以根据事态严重程度，酌情启动应急供气保障，减少燃气泄漏及其他事故的影响范围和后果。

（七）事故响应升级

如出现次生或衍生事故导致事态升级、超出本企业应急控制能力、可能波及周边区域时，燃气企业应及时向上级公司请求支援，同时立即报告政府、应急、消防、交通、相关方等开展联动响应。

五、现场抢修

抢修过程中，应持续、动态开展风险评估，关注周边燃气浓度变化，控制人员进场，注意抢修作业方式，避免发生次生、衍生事故。如涉及地下燃气设施抢修，应根据现场情况设置隔离沟。

（一）制定抢修方案

依托现场处置方案，结合现场环境和专家意见，制定抢修实施方案，并进行技术交底。

（二）确认抢修条件

（1）周边环境通风，管道氮气置换完成后，可燃气体浓度、一氧化碳、二氧化硫等有毒有害气体及氧含量浓度确认。

（2）机具配备确认。

（3）人员能力确认。

（4）作业环境确认。

（5）安全防护措施落实确认。

（6）监督、监护、监测人员到位确认。

（7）气源控制情况确认。

（三）实施抢修作业

1. 按照抢修方案，实施抢修作业

核对竣工图及管线地理信息，收集并确认其他专业管线的点位、埋深等情况，及时挖出泄漏处管沟土方。在抢修焊接过程中，要用轴流风机强制排出管沟的天然气，并进行不间断的可燃气体检测和安全监护。准备措施如下。

（1）将管沟内聚集的天然气自由挥发一段时间。当管沟内漏气量很大时，先进行空气置换，在管沟一端安放防爆轴流风机将管沟内的天然气吹出。

（2）用可燃气体探测仪测量管沟内天然气浓度，其浓度必须小于爆炸下限的 20%；管沟空气合格后，方可施工。

（3）将沟内管槽内覆土清除，其间实时监测天然气浓度，保证施工人员的安全。

（4）所有抢修人员进入管沟前必须采取消除静电措施，必要时要戴呼吸装备方可进入。

2. 修复质量验收（包括严密性试验、压力试验等安全测试）

完成修复后，应对事故点周边夹层、窨井、烟道、地下管线和建（构）筑物等场所进行全面检查，应安排对事故点进行 24 小时重点监护，临时性补救要在有效期内及时整改。

3. 后续监测

24 小时之内对修复泄漏部位进行全面检测，一周之内再次进行复查。

六、恢复供气

应按《城镇燃气设施运行、维护和抢修安全技术规程》（CJJ 51—2016）要求，对受影响场所的燃气设备设施进行安全试验、恢复供气。

1. 恢复供气环节的重点关注事项

（1）不宜于夜间 22:00 至次日凌晨 6:00 实施严密性检测。

（2）管网端应持续检测周边沟井涵渠等密闭、半密闭空间是否有燃气残留。

（3）提前编制置换方案，并通知相关用户。

（4）全面检查燃气设施，对停气用户逐户点火复气。

2. 严禁恢复供气的情况

（1）抢修现场检测有燃气浓度显示，但没有找到泄漏原因的。

（2）抢修现场发现漏点后，泄漏没有彻底处理或根源没有消除的。

（3）抢修现场燃气浓度仍然超标的。

（4）没有进行置换通气前的安全检查和试验的。

（5）没有通知相关用户的。

七、解除应急

（1）现场维修完毕，经持续监测泄漏区域及相连管沟区域，确认燃气再无泄漏可能，宣布解除应急状态。

（2）积极配合政府和公安部门做好事故调查及责任认定。

（3）整理应急过程记录，编写现场应急工作总结报告。

（4）做好后期的舆情监测和应对，根据需要组织信息发布，说明突发事件处理完毕后的调查结果、采取的措施、善后处理的安排及预防改进措施等。

（5）根据应急职责分配，相关部门负责对总结报告所提出改进措施落实情况进行检查和督办。

第三节　空旷地区不明泄漏

本指导流程适用于管网端（空旷地区）高压、中压管道不明泄漏的应急处置。

管网端（空旷地区）不明泄漏应急处置流程一般分为接警报告、应急预警、响应启动、事态控制、现场抢修、恢复供气、解除应急 7 个阶段。

一、接警报告

（一）信息接收

燃气企业应设置并对外公布 24 小时报警电话；接警电话要具有录音功能，录音存储时间不少于 30 天；接警岗位要保证 24 小时有人在岗值班。

（二）基本问询

接警人员开展基本问询，并进行事故初期画像，问询内容包括但不限于以下内容。

（1）地点：街区、地标、周围地标、周边燃气设施、标识。

（2）身份：报警人姓名、电话、着装标志。

（3）周边环境：是否有施工动土、人员伤亡，是否有明显的燃气泄漏情况。

（三）风险提示

基本问询后，接警人员应对报警人做以下风险提示。

（1）告知报警人燃气易燃易爆的危险特性，现场保持禁火禁电。

（2）告知报警人远离有气味的区域，向上风向转移。

（3）必要时告知报警人实施紧急避险。

（四）引导警戒

风险提示后，接警人员在征询报警人的意愿和能力的前提下，争取报警人员协助开展现场引导和警戒工作，并承诺对报警人给予相应奖励。

（1）劝导周边人员撤离或远离疑似泄漏区域。

（2）尽量维持现场警戒，限制人员及车辆进入疑似燃气泄漏区域。

（五）信息报送

接警人员在接警全过程中，要及时、准确、完整地记录和整理信息，同级共享和逐级报送，对接警信息进行先期研判，便于快速、准确启动预警及响应。

（1）根据事故性质和严重程度，灵活采用信息系统、电话、呼喊、一键报警等不同方式进行信息传递。

（2）保持与报警人的联系，确保信息的及时更新和有效传递。

二、应急预警

为快速研判事态趋势，及时传递预警信息，开展应急准备，协调调动应急专家、专业队伍和物资装备等应急资源支持，具体开展以下工作。

（一）初步研判

根据事故性质、严重程度、影响范围和可控性，结合预警和响应分级明确的条件，初步研判预警和响应级别。

（二）应急准备

按照初步研判结果，开展响应准备工作。

（1）第一时间派工派警。立即调派周边具备处置能力的机动哨兵快速抵达现场，并向其传递报警地点、报警人、电话、数字地图等派工信息，同步派工派警。

（2）同步应急资源准备。组织企业各相关部门依据预案规定的职责和分工要求开展相应应急资源准备。

（3）必要时应急联动。当初判燃气泄漏对周边影响较大时，立即报告政府、应急、消防、交通、相关方等开展联动响应。

（三）向政府报告

事发企业应根据法律法规和当地政府规定，同时向当地政府有关部门报告突发事件信息。

（四）预警解除

当符合预警解除条件时，经核实批准后，实施预警解除。

三、响应启动

当在应急预警阶段研判为疑似燃气泄漏或事态可控时，由机动哨兵开展先期处置；当在应急预警阶段研判确认燃气泄漏或事态严重时，应直接启动抢险队伍响应线；当机动哨兵现场确认泄漏严重后，应立即启动抢险队伍响应线。

（一）信息核实

机动哨兵抵达现场后，同报警人快速对以下信息进行核实：是否为燃气泄漏、具体泄漏地点、是否存在燃气窜入周边密闭空间的情况、当前事态事件原因初判等。当现场无报警人员时，应根据派工派警指令对现场进行核实，进行事故再次画像。

如核实确为燃气泄漏，机动哨兵应立即回复应急中心，请求应急中心报警给予支援。

（二）处置警戒

机动哨兵应同步开展周边环境气体检测，一旦确认泄漏情况，在保证自身安全的情况下，尽可能疏散现场；利用地理信息系统确定泄漏区域管道位置及详细数据，维护现场等待后援；在条件允许的情况下可开展探边工作。待 110 到达现场后，立即请求 110 协助警戒疏散，并进一步封锁道路。

（三）信息反馈

机动哨兵应持续跟踪周边环境和事态变化，与应急中心保持专线联系，动态反馈现场情况，包括当前事态、先期处置进展情况、舆情状况等。

四、事态控制

（一）信息确认

应急处置专员抵达现场后，同机动哨兵/报警人快速对接核实和确认信息，并指挥抢险队伍开展检测探边、警戒疏散、泄漏控制、稀释放散等处置工作。

（二）检测探边

现场禁火禁电，开展气体检测，确定警戒范围。具体包括燃气种类分析检测

（使用不同的检测仪器进行对比检测）、燃气浓度检测（包括地上、地下、室内外的空间检测）、远程压力监测、远程流量监测、有毒有害气体检测等。

根据检测结果，查找划定达到燃气爆炸下限 20%（即 1% VOL）的边界和燃气浓度为 0 的边界，具体包括以下内容。

（1）地上探边：包括周边绿化带、道路等区域。

（2）沟井管道探边：包括给水、暖气、电力、电信等全部阀井、窨井、地下综合管廊。对发现有燃气浓度的沟井，应沿敷设管线向外扩展探测，查找燃气窜气蔓延的边界。

（3）检测探边应重点关注“两高一密闭”、敷设有套管的管道井和特殊敏感区域。

（三）警戒疏散

（1）依据探边情况，动态调整警戒范围。警戒的内容应包括阻拦无关人员进入危险区域、实时监测警戒线处的监测数据、监护危险区域内的作业人员等。应设置以下区域。

① 高风险区域：以可燃气体浓度达到爆炸下限的 20%（1% VOL）为边界划定区域，应布置警戒线及警示标识、实施燃气浓度检测监控、风向监控、入口设置静电释放装置，区域内应采取进入许可、作业审批等安全措施。

② 人员疏散区域：爆炸影响范围为人员疏散区域，外围警戒应布置警戒线及标识，采取禁入措施。

（2）当泄漏影响公共交通道路时，应划定警戒区域，并实行交通管制。

（四）泄漏控制

1. 控制阀门

（1）关阀。当发生不明泄漏，泄漏量或影响面积较大时，应首先考虑关闭泄漏管段上、下游阀门控制局面。当出现泄漏区域内存在多条管线情况，关阀应由低向高逐级、逐段关闭。关阀时应对关闭的管段进行压力检测，通过压力检测结果判定泄漏管段的位置，当确定泄漏管段后进行主动放散泄压修复（调压箱放散、阀门放散孔引出放散）。

（2）控阀。发生燃气不明泄漏一般不采用控阀处理。当确定了泄漏管段，且泄漏量和影响面积较小时，为降低恢复难度，可采用控阀、放散（调压箱放散、阀门放散孔引出放散）降压修复处置，应有专人专门监测装置监控燃气压力变化（根据不同燃气种类，控制在 300 ~ 800 Pa 范围），降压过程中应控制降压速度，严禁管道内产生负压。

涉及停气或降压时，应考虑下游用户的用气情况，并及时告知用户与相关部门停供信息。

2. 稀释放散

（1）环境浓度稀释。通过对泄漏管段周边建筑物、管沟、阀井、窨井、检测探孔等采取自然开放通风（如开盖通气）、防爆轴流风机强制通风等方法稀释泄漏的燃气，降低燃气浓度。当查漏开挖管沟后，聚集在土壤中的燃气会出现泄放，应根据情况及时使用防爆轴流风机强制通风。

（2）管道燃气放散。当确定了泄漏管段，且泄漏量较小时，应通过放散装置（如调压箱放散管、由阀门放散孔引出放散管）进行放散，尽量避免泄漏点周围燃气的浓度上升及泄漏范围的扩大。

（五）舆情管控

本着及时发声、消除影响、彰显责任、维护形象等原则，燃气企业应始终做好舆情监控，及时报告情况，做好媒体沟通，加强舆论引导，并及时对外发布相关信息。

（六）应急供气保障

由于空旷地区管道多为城区供气主干线，一旦发生泄漏，极大程度上会影响城区供气。因此，在保证安全的前提下，应启动应急供气保障，减少燃气泄漏及其他事故的影响范围和后果。

（七）事故响应升级

如出现次生或衍生事故导致事态升级、超出本企业应急控制能力、可能波及周边区域时，燃气企业应及时向上级公司请求支援，同时立即报告政府、应急、消防、交通、相关方等开展联动响应。

五、现场抢修

事态得到控制后，实现现场抢修。现场抢修应持续、动态开展风险评估，关注周边燃气浓度变化，控制人员进场，注意抢修作业方式，避免发生次生、衍生事故。如涉及地下燃气设施抢修，应根据现场情况设置隔离沟。

（一）查漏

（1）根据竣工图、管线地理信息、户内外燃气设施分布、管道走向、厂站环境等各类场所实际，结合现场检测、实际勘查的结果情况，初步分析判断泄漏原因和泄漏管段。

（2）综合运用压力检测、流量监测、燃气浓度检测、中心区域钻孔取样检测、循迹检测、观察土壤变化、分段打压查漏法、挖探坑查漏法、探坑注水查漏法、添加香味剂颜色剂、排查焊点法等多种方法查找漏点，注意考虑第二泄漏点。

（二）制定抢修方案

依托现场处置方案，结合现场环境和专家意见，制定抢修实施方案，并进行技术交底。

（三）确认抢修条件

（1）周边环境通风，管道氮气置换完成后，可燃气体浓度、一氧化碳、二氧化硫等有毒有害气体及氧含量浓度确认。

（2）机具配备确认。

（3）人员能力确认。

（4）作业环境确认。

（5）安全防护措施落实确认。

（6）监督、监护、监测人员到位确认。

（7）气源控制情况确认。

（四）实施抢修作业

1. 按照抢修方案，实施抢修作业

核对竣工图及管线地理信息，收集并确认其他专业管线的点位、埋深等情况，及时挖出泄漏处管沟土方。在抢修焊接过程中，要用轴流风机强制排出管沟的天然气，并进行不间断的可燃气体检测和安全监护。准备措施如下。

（1）将管沟内聚集的天然气自由挥发一段时间。当管沟内漏气量很大时，先进行空气置换，在管沟一端安放防爆轴流风机将管沟内的天然气吹出。

（2）用可燃气体探测仪测量管沟内天然气浓度，其浓度必须小于爆炸下限的20%，管沟空气合格后，方可施工。

（3）由于管沟内空间限制，大型机具难以施展，故管沟内工作坑的开挖由人工完成。将沟内管槽内覆土清除，期间实时监测天然气浓度，保证施工人员的安全。

（4）所有抢修人员进入管沟前必须采取消除静电措施，必要时要戴呼吸装备方可进入。

2. 修复质量验收（包括严密性试验、压力试验等安全测试）

完成修复后，应对事故点周边夹层、窨井、烟道、地下管线和建（构）筑物等场所进行全面检查，应安排对事故点进行24小时重点监护，临时性补救要在有效期内及时整改。

3. 后续监测

24小时之内对修复泄漏部位进行全面检测，一周之内再次进行复查。

六、恢复供气

应按《城镇燃气设施运行、维护和抢修安全技术规程》(CJJ 51—2016)要求，对受影响场所的燃气设备设施进行安全试验、恢复供气。

1. 恢复供气环节的重点关注事项

(1)不宜于夜间22:00至次日凌晨6:00实施严密性检测。

(2)管网端应持续检测周边沟井涵渠等密闭、半密闭空间是否有燃气残留。

(3)提前编制置换方案，并通知相关用户。

(4)全面检查燃气设施，对停气用户逐户点火复气。

2. 严禁恢复供气的情况

(1)抢修现场曾检测到燃气浓度显示，但没有找到泄漏原因的。

(2)抢修现场发现漏点后，泄漏没有彻底处理或根源没有消除的。

(3)抢修现场燃气浓度仍然超标的。

(4)没有进行置换通气前的安全检查和试验的。

(5)没有通知相关用户的。

七、解除应急

(1)现场维修完毕，经持续监测泄漏区域及相连管沟区域，确认燃气再无泄漏可能，宣布解除应急状态。

(2)积极配合政府和公安部门做好事故调查及责任认定。

(3)整理应急过程记录，编写现场应急工作总结报告。

(4)做好后期的舆情监测和应对，根据需要组织信息发布，说明突发事件处理完毕后的调查结果、采取的措施、善后处理的安排及预防改进措施等。

(5)根据应急职责分配，相关部门负责对总结报告所提出改进措施落实情况进行检查和督办。

第四节　空旷地区已知漏点泄漏

本指导流程适用于管网端(空旷地区)高压、中压管道已知漏点泄漏的应急处置。

管网端(空旷地区)已知漏点泄漏应急处置流程一般分为接警报告、应急预警、响应启动、事态控制、现场抢修、恢复供气、解除应急7个阶段。

一、接警报告

（一）信息接收

燃气企业应设置并对外公布24小时报警电话；接警电话要具有录音功能，录音存储时间不少于30天；接警岗位要保证24小时有人在岗值班。

（二）基本问询

接警人员开展基本问询，并进行事故初期画像，问询内容包括但不限于以下内容。

（1）地点：街区、地标、泄漏位置。

（2）身份：报警人姓名、电话、着装标志。

（3）周边环境：是否有施工动土、人员伤亡和物品损坏。

（三）风险提示

基本问询后，接警人员应对报警人做以下风险提示。

（1）告知报警人燃气易燃易爆的危险特性，现场保持禁火禁电。

（2）告知报警人远离有气味的区域，向上风向转移。

（3）必要时告知报警人实施紧急避险。

（四）引导警戒

风险提示后，接警人员在征询报警人的意愿和能力的前提下，争取报警人协助开展现场引导和警戒工作，并承诺对报警人给予相应奖励。

（1）劝导周边人员撤离或远离疑似泄漏区域。

（2）尽量维持现场警戒，限制人员及车辆进入疑似燃气泄漏区域。

（五）信息报送

接警人员在接警全过程中，要及时、准确、完整地记录和整理信息，同级共享和逐级报送，对接警信息进行先期研判，便于快速、准确启动预警及响应。

（1）根据事故性质和严重程度，灵活采用信息系统、电话、呼喊、一键报警等不同方式进行信息传递。

（2）保持与报警人的联系，确保信息的及时更新和有效传递。

二、应急预警

为快速研判事态趋势，及时传递预警信息，开展应急准备，协调调动应急专家、专业队伍和物资装备等应急资源支持，具体开展以下工作。

（一）初步研判

根据事故性质、严重程度、影响范围和可控性，结合预警和响应分级明确的条件，初步研判预警和响应级别。

（二）应急准备

按照初步研判结果，开展应急准备工作。

（1）第一时间派工派警。立即调派周边具备处置能力的机动哨兵快速抵达现场，并向其传递报警地点、报警人、电话、数字地图等派工信息，同步派工派警。

（2）同步应急资源准备。组织企业各相关部门依据预案规定的职责和分工要求开展相应应急资源准备。

（3）必要时应急联动。当初判燃气泄漏对周边影响较大时，立即报告政府、应急、消防、交通、相关方等开展联动响应。

（三）向政府报告

事发企业应根据法律法规和当地政府规定，同时向当地政府有关部门报告突发事件信息。

（四）预警解除

当符合预警解除条件时，经核实批准后，实施预警解除。

三、响应启动

当在应急预警阶段研判为疑似燃气泄漏或事态可控时，由机动哨兵开展先期处置；当在应急预警阶段研判确认燃气泄漏或事态严重时，应直接启动抢险队伍响应线；当机动哨兵现场确认泄漏严重后，应立即启动抢险队伍响应线。

（一）信息核实

机动哨兵抵达现场后，同报警人快速对以下信息进行核实：具体泄漏地点、是否存在燃气窜入周边密闭空间的情况、当前事态、事件原因初判等。当现场无报警人员时，应根据派工派警指令对现场进行核实，进行事故再次画像。

如核实确为燃气泄漏，机动哨兵应立即回复应急中心，请求应急中心报警110给予支援。

（二）现场警戒

机动哨兵在保证自身安全的前提下，尽可能疏散现场；利用地理信息系统确定泄漏区域管道位置及详细数据，维护现场等待后援；在条件允许的情况下可开展探边工作。

110到达现场后，立即请求110协助警戒疏散，并进一步封锁道路。

（三）信息反馈

机动哨兵应持续跟踪周边环境和事态变化，与应急中心保持专线联系，动态反馈现场事态，包括当前事态、先期处置进展情况、舆情状况等。

四、事态控制

（一）信息确认

应急处置专员抵达现场后，同机动哨兵/报警人快速对接核实和确认信息，并指挥抢险队伍开展检测探边、警戒疏散、泄漏控制、稀释放散等处置工作。

（二）检测探边

现场禁火禁电，开展气体检测，确定警戒范围。具体包括燃气浓度检测（包括地上、地下、室内外的空间检测）、远程压力监测、远程流量监测、有毒有害气体检测等。

根据检测结果，查找划定达到燃气爆炸下限 20%（即 1% VOL）的边界和燃气浓度为 0 的边界，具体包括以下内容。

（1）地上探边：包括周边绿化带、道路等区域。

（2）沟井管道探边：包括给水、暖气、电力、电信等全部阀井、窨井、地下综合管廊。对发现有燃气浓度的沟井，应沿敷设管线向外扩展探测，查找燃气窜气蔓延的边界。

（3）检测探边应重点关注“两高一密闭”、敷设有套管的管道井和特殊敏感区域。

（三）警戒疏散

（1）依据探边情况，动态调整警戒范围。警戒的内容应包括阻拦无关人员进入危险区域、实时监测警戒线处的监测数据、监护危险区域内的作业人员等。应设置以下区域。

① 高风险区域：以可燃气体浓度达到爆炸下限的 20%（即 1% VOL）为边界划定区域，应布置警戒线及警示标识、实施燃气浓度检测监控、风向监控、入口设置静电释放装置，区域内应采取进入许可、作业审批等安全措施。

② 人员疏散区域：爆炸影响范围为人员疏散区域，外围警戒应布置警戒线及标识，采取禁入措施。

（2）当泄漏影响公共交通道路时，应划定警戒区域，并实行交通管制。

（四）泄漏控制

1. 控制阀门

首先应向应急中心汇报现场情况，询问是否可以通过关闭上、下游阀门来控制事态。如果不可以，则做好警戒，让其稳定泄漏，等待应急中心进一步指令并等待抢险队伍到来；如果可以，则关闭上、下游阀门，通过阀门井处进行放散泄压，同时做好周边警戒，等待应急中心进一步指令并等待抢险队伍到来。

涉及停气或降压时，应考虑下游用户的用气情况，并及时告知用户与相关部门停供信息。

2. 稀释放散

（1）环境浓度稀释。通过对泄漏管段周边建筑物、管沟、阀井、窨井、检测探孔等采取自然开放通风（如开盖通气）、防爆轴流风机强制通风等方法稀释泄漏的燃气，降低燃气浓度。当查漏开挖管沟后，聚集在土壤中的燃气会出现泄放，应根据情况及时使用防爆轴流风机强制通风。

（2）管道燃气放散。当确定了泄漏管段，且泄漏量较小时，应通过放散装置（如调压箱放散管、由阀门放散孔引出放散管）进行放散，尽量避免泄漏点周围燃气的浓度上升及泄漏范围的扩大。

（五）舆情管控

本着及时发声、消除影响、彰显责任、维护形象等原则，燃气企业应始终做好舆情监控，及时报告情况，做好媒体沟通，加强舆论引导，并及时对外发布相关信息。

（六）应急供气保障

由于空旷地区管道多为城区供气主干线，一旦发生泄漏，极大程度上会影响城区供气。因此，在保证安全的前提下，应启动应急供气保障，减少燃气泄漏及其他事故的影响范围和后果。

（七）事故响应升级

如出现次生或衍生事故导致事态升级、超出本企业应急控制能力、可能波及周边区域时，燃气企业应及时向上级公司请求支援，同时立即报告政府、应急、消防、交通、相关方等开展联动响应。

五、现场抢修

事态得到控制后，实施现场抢修。抢修过程应持续、动态开展风险评估，关注周边燃气浓度变化，控制人员进场，注意抢修作业方式，避免发生次生、衍生事故。如涉及地下燃气设施抢修，应根据现场情况设置隔离沟。

（一）制定抢修方案

依托现场处置方案，结合现场环境和专家意见，制定抢修实施方案，并进行技术交底。

（二）确认抢修条件

（1）周边环境通风，管道氮气置换完成后，可燃气体浓度、一氧化碳、二氧化硫等有毒有害气体及氧含量浓度确认。

（2）机具配备确认。

（3）人员能力确认。

（4）作业环境确认。

（5）安全防护措施落实确认。

（6）监督、监护、监测人员到位确认。

（7）气源控制情况确认。

（三）实施抢修作业

1. 按照抢修方案，实施抢修作业

核对竣工图及管线地理信息，收集并确认其他专业管线的点位、埋深等情况，及时挖出泄漏处管沟土方。在抢修焊接过程中，要用轴流风机强制排出管沟的天然气，并进行不间断的可燃气体检测和安全监护。准备措施如下。

（1）将管沟内聚集的天然气自由挥发一段时间。当管沟内漏气量很大时，先进行空气置换，在管沟一端安放防爆轴流风机将管沟内的天然气吹出。

（2）用可燃气体探测仪测量管沟内天然气浓度，其浓度必须小于爆炸下限的20%，管沟空气合格后，方可施工。

（3）由于管沟内空间限制，大型机具难以施展，故管沟内工作坑的开挖由人工完成。将沟内管槽内覆土清除，期间实时监测天然气浓度，保证施工人员的安全。

（4）所有抢修人员进入管沟前必须采取消除静电措施，必要时要戴呼吸装备方可进入。

2. 修复质量验收（包括严密性试验、压力试验等安全测试）

完成修复后，应对事故点周边夹层、窨井、烟道、地下管线和建（构）筑物等场所进行全面检查，应安排对事故点进行24小时重点监护，临时性补救要在有效期内及时整改。

3. 后续监测

24小时之内对修复泄漏部位进行全面检测，一周之内再次进行复查。

六、恢复供气

应按《城镇燃气设施运行、维护和抢修安全技术规程》（CJJ 51—2016）要求，对受影响场所的燃气设备设施进行安全试验、恢复供气。

1. 恢复供气环节的重点关注事项

（1）不宜于夜间22:00至次日凌晨6:00实施严密性检测。

（2）管网端应持续检测周边沟井涵渠等密闭、半密闭空间是否有燃气残留。

（3）提前编制置换方案，并通知相关用户。

（4）全面检查燃气设施，对停气用户逐户点火复气。

2. 严禁恢复供气的情况

（1）抢修现场曾检测到燃气浓度显示，但没有找到泄漏原因的。

（2）抢修现场发现漏点后，泄漏没有彻底处理或根源没有消除的。

（3）抢修现场燃气浓度仍然超标的。

（4）没有进行置换通气前的安全检查和试验的。

（5）没有通知相关用户的。

七、解除应急

（1）现场维修完毕，经持续监测泄漏区域及相连管沟区域，确认燃气再无泄漏可能，宣布解除应急状态。

（2）积极配合政府和公安部门做好事故调查及责任认定。

（3）整理应急过程记录，编写现场应急工作总结报告。

（4）做好后期的舆情监测和应对，根据需要组织信息发布，说明突发事件处理完毕后的调查结果、采取的措施、善后处理的安排及预防改进措施等。

（5）根据应急职责分配，相关部门负责对总结报告所提出改进措施落实情况进行检查和督办。

第五节 村内道路不明泄漏

本指导流程适用于管网端村内道路不明泄漏的应急处置。

管网端村内道路不明泄漏应急处置流程一般分为接警报告、应急预警、响应启动、事态控制、现场抢修、恢复供气、解除应急 7 个阶段。

一、接警报告

（一）信息接收

燃气企业应设置并对外公布 24 小时报警电话；接警电话要具有录音功能，录音存储时间不少于 30 天；接警岗位要保证 24 小时有人在岗值班。

（二）基本问询

接警人员开展基本问询，并进行事故初期画像，问询内容包括但不限于以下内容。

（1）地点：乡镇、村组、周围地标、周边燃气设施、标识。

（2）身份：报警人姓名、电话、着装标志。

（3）周边环境：是否有施工动土、人员伤亡、物品损坏，是否有明显的燃气泄漏现象。

（三）风险提示

基本问询后，接警人员应对报警人做以下风险提示。

（1）告知报警人燃气易燃易爆的危险特性，现场保持禁火禁电。

（2）告知报警人远离有气味的区域，向上风向转移。

（3）必要时告知报警人实施紧急避险。

（四）引导警戒

风险提示后，接警人员在征询报警人的意愿和能力的前提下，争取报警人协助开展现场引导和警戒工作，并承诺对报警人给予相应奖励。

（1）劝导周边人群撤离或远离疑似泄漏区域。

（2）尽量维持现场警戒，限制人员及车辆进入疑似燃气泄漏区域。

（五）信息报送

接警人员在接警全过程中，要及时、准确、完整地记录和整理信息，同级共享和逐级报送，对接警信息进行先期研判，便于快速、准确启动预警及响应。

（1）根据事故性质和严重程度，灵活采用信息系统、电话、呼喊、一键报警等不同方式进行信息传递。

（2）保持与报警人的联系，确保信息的及时更新和有效传递。

二、应急预警

为快速研判事态趋势，及时传递预警信息，开展应急准备，协调调动应急专家、专业队伍和物资装备等应急资源支持，具体开展以下工作。

（一）初步研判

根据事故性质、严重程度、影响范围和可控性，结合预警和响应分级明确的条件，初步研判预警和响应级别。

（二）应急准备

按照初步研判结果，开展应急准备工作。

（1）第一时间派工派警。立即调派周边具备处置能力的机动哨兵快速抵达现场，并向其传递报警地点、报警人、电话、数字地图、事发村内调压柜和阀井信息、事发村居民用户信息等派工信息，同步派工派警，并与村燃气协管员取得联系。

(2) 同步应急资源准备。组织企业各相关部门依据预案规定的职责和分工要求开展相应应急资源准备。

(3) 必要时应急联动。当初判燃气泄漏和对周边影响较大时，立即报告村委会、政府、应急、消防、交通、相关方等开展联动响应。

(三) 向政府报告

事发企业应根据法律法规和当地政府规定，同时向当地政府有关部门报告突发事件信息。

(四) 预警解除

当符合预警解除条件时，经核实批准后，实施预警解除。

三、响应启动

当在应急预警阶段研判为疑似燃气泄漏或事态可控时，由机动哨兵开展先期处置；当在应急预警阶段研判确认燃气泄漏或事态严重时，应直接启动抢险队伍响应线；当机动哨兵现场确认泄漏严重后，应立即启动抢险队伍响应线。

(一) 信息核实

机动哨兵抵达现场后，同报警人及村燃气协管员快速对以下信息进行核实：是否为燃气泄漏、具体泄漏地点、是否存在燃气窜入周边密闭空间的情况、当前事态、事件原因初判等。

当现场无报警人时，应根据派工派警指令对现场进行核实，进行事故再次画像。

(二) 处置警戒

机动哨兵应同步开展周边环境气体检测，一旦确认泄漏情况，应在保证自身安全的前提下，对事故现场周边环境进行气体检测，依据初步检测的燃气泄漏范围，疏散事发现场人员，做好初步警戒，等待后援。必要时要求村燃气协管员协助处置，并对村内道路实施交通管制。

(三) 信息反馈

机动哨兵应持续跟踪周边环境和事态变化，与应急中心保持专线联系，动态反馈现场情况，包括当前事态、先期处置进展情况、舆情状况等。

四、事态控制

(一) 信息确认

应急处置专员抵达现场后，同机动哨兵/报警人员快速对接核实和确认信息，并指挥抢险队伍开展检测探边、警戒疏散、泄漏控制、稀释放散等处置工作。

（二）检测探边

现场禁火禁电，开展气体检测。具体包括燃气种类分析检测（使用不同的检测仪器进行对比检测）、燃气浓度检测（包括地上、地下、室内外的空间检测）、远程压力监测、远程流量监测、有毒有害气体检测等。

根据检测结果，查找划定达到燃气爆炸下限 20%（即 1% VOL）的边界和燃气浓度为 0 的边界，具体包括以下内容。

（1）地上探边：包括村民户内外、停靠车辆内部、道路周边。

（2）沟井管道探边：包括排水沟、各类阀井、窨井、交叉管网等。对发现有燃气浓度的沟井，应沿敷设管线向外扩展探测，查找燃气蔓延的边界。

（3）检测探边应重点关注"两高一密闭"、敷设有套管的管道井和特殊敏感区域。

（三）警戒疏散

（1）依据探边情况，动态调整警戒范围，警戒的内容应包括阻拦无关人员进入危险区域、实时监测警戒线外的监测数据、监护危险区域内的作业人员等。设置以下区域。

① 高风险区域：以可燃气体浓度达到爆炸下限的 20%（1% VOL）为边界划定区域，应布置警戒线及警示标识、实施燃气浓度检测监控、风向监控，区域内应采取进入许可、作业许可等安全措施。

② 人员疏散区域：爆炸影响范围为人员疏散区域，外围警戒应布置警戒线及标识，采取禁入措施。

需要注意的是，警戒范围要随探边检测数据的改变而变化。当泄漏影响公共交通道路时，应划定警戒区域，并实行交通管制。

（2）可通过村委会广播、大声呼喊、入户等方式引导村民疏散。

（四）泄漏控制

1. 控制阀门

当发生不明泄漏，泄漏量或影响面积较大时，应首先通过声音、气味等判断泄漏区域，关闭泄漏区域管段上、下游阀门。关阀时应对关闭区域的管段进行压力监测，通过监测结果判定泄漏管段，对泄漏管段进行主动放散泄压修复（调压箱放散、阀门放散孔引出放散）。

当发生不明泄漏，泄漏量较小时，应选择先从周边的沟井开始检测，依据检测数据、现场沟井与管线距离，结合管线路由判断泄漏管段。

2. 稀释放散

（1）环境浓度稀释。通过对泄漏管段周边建筑物、管沟、阀井、窨井等采取自然开放通风（如开盖通气）、防爆轴流风机强制通风等方法稀释泄漏的燃气，降低燃气浓度。

（2）管道燃气放散。当确定了泄漏管段，且泄漏量较小时，应通过放散装置（如调压箱放散管、由阀门放散孔引出放散管）进行放散，尽量避免泄漏点周围燃气的浓度上升及泄漏范围的扩大。

涉及停气或降压时，应考虑下游用户的用气情况，及时告知用户与相关部门停供信息。

（五）舆情管控

本着及时发声、消除影响、彰显责任、维护形象等原则，燃气企业应始终做好舆情监控，及时报告情况，做好媒体沟通，加强舆论引导，并及时对外发布相关信息。

（六）事故响应升级

如出现次生或衍生事故导致事态升级、超出本企业应急控制能力、可能波及周边区域时，燃气企业应及时向上级公司请求支援，同时立即报告村委会、政府、应急、消防、交通、相关方等开展联动响应。

五、现场抢修

事态得到控制后，实施现场抢修。现场抢修应持续、动态开展风险评估，关注周边燃气浓度变化，控制人员进场，注意抢修作业方式，避免发生次生、衍生事故。如涉及地下燃气设施抢修，应根据现场情况设置隔离沟。

（一）查漏

（1）根据竣工图、管线地理信息、户内外燃气设施分布、管道走向等实际情况，结合现场检测、实际勘查的结果情况，初步分析判断泄漏原因和泄漏管段。

（2）综合运用压力检测、流量监测、燃气浓度检测、中心区域钻孔取样检测、循迹检测、观察土壤变化、分段打压查漏法、挖探坑查漏法、探坑注水查漏法、添加香味剂颜色剂、排查焊点法等多种方法查找漏点，注意考虑第二泄漏点。此外，要特别留意一些常见的泄漏迹象，如气味的变化、管道周围的湿润或泡沫，以及附近植物的异常生长等。这些都可能是天然气泄漏的迹象，需要及时进行处理。

（二）制定抢修方案

依托现场处置方案，结合现场环境和专家意见，制定抢修实施方案，并进行技术交底。

（三）确认抢修条件

（1）可燃气体浓度、一氧化碳、二氧化硫等有毒有害气体及氧含量浓度确认。

（2）机具配备确认。

（3）人员能力确认。

（4）作业环境确认。

（5）安全防护措施落实确认。

（6）监督、监护、监测人员到位确认。

（7）气源控制情况确认。

（四）实施抢修作业

1. 按照抢修方案，实施抢修作业

核对竣工图及管线地理信息，与村委会、其他管线单位进行沟通，确认村内道路其他专业管线的走向、埋深等信息后，及时挖出泄漏处管沟土方。在抢修焊接过程中，要用轴流风机强制排出管沟的天然气，并进行不间断的可燃气体检测和安全监护。准备措施如下。

（1）将管沟内聚集的天然气自由挥发一段时间。当管沟内漏气量很大时，先进行空气置换，在管沟一端安放防爆轴流风机将管沟内的天然气吹出。

（2）用可燃气体探测仪测量管沟内天然气浓度，其浓度必须小于爆炸下限的 20%，管沟空气合格后，方可施工。

（3）将沟内管槽内覆土清除，其间实时随时监测天然气浓度，保证施工人员的安全。

（4）所有抢修人员进入管沟前必须采取消除静电措施，必要时要戴呼吸装备方可进入。

2. 修复质量验收（包括严密性试验、压力试验等安全测试）

完成修复后，应对事故点周边夹层、窨井、烟道、地下管线和建（构）筑物等场所进行全面检查，应安排对事故点进行 24 小时重点监护，临时性补救要在有效期内及时整改。

3. 后续监测

24 小时之内对修复泄漏部位进行全面检测，一周之内再次进行复查。

六、恢复供气

应按《城镇燃气设施运行、维护和抢修安全技术规程》（CJJ 51—2016）要求，对受影响场所的燃气设备设施进行安全试验、恢复供气。

1. 恢复供气环节的重点关注事项

（1）不宜于夜间22:00至次日凌晨6:00实施严密性检测。

（2）管网端应持续检测周边沟井涵渠等密闭、半密闭空间是否有燃气残留。

（3）提前编制置换方案，并通知相关用户。

（4）全面检查燃气设施，对停气用户逐户点火复气。

2. 严禁恢复供气的情况

（1）抢修现场曾检测到燃气浓度显示，但没有找到泄漏原因的。

（2）抢修现场发现漏点后，泄漏没有彻底处理或根源没有消除的。

（3）抢修现场燃气浓度仍然超标的。

（4）没有进行置换通气前的安全检查和试验的。

（5）没有通知相关用户的。

七、解除应急

（1）现场维修完毕，持续监测泄漏区域及相连管沟区域，确认燃气再无泄漏可能，宣布解除应急状态。

（2）积极配合政府和公安部门做好事故调查及责任认定。

（3）整理应急过程记录，编写现场应急工作总结报告。

（4）做好后期的舆情监测和应对，根据需要组织信息发布，说明突发事件处理完毕后的调查结果、采取的措施、善后处理的安排及预防改进措施等。

（5）根据应急职责分配，相关部门负责对总结报告提出的改进措施落实情况进行检查和督办。

第六节　村内道路已知漏点泄漏

本指导流程适用于管网端村内道路已知漏点泄漏的应急处置。

管网端村内道路已知漏点泄漏应急处置流程一般分为：接警报告、应急预警、响应启动、事态控制、现场抢修、恢复供气、解除应急7个阶段。

一、接警报告

（一）信息接收

燃气企业应设置并对外公布24小时报警电话；接警电话要具有录音功能，录音存储时间不少于30天；接警岗位要保证24小时有人在岗值班。

（二）基本问询

接警人员开展基本问询，并进行事故初期画像，问询内容包括但不限于以下内容。

（1）地点：乡镇、村组、泄漏位置（地下或地上）。

（2）身份：报警人姓名、电话、着装标志。

（3）周边环境：是否有施工动土、人员伤亡和物品损坏。

（三）风险提示

基本问询后，接警人员应对报警人做以下风险提示。

（1）告知报警人燃气易燃易爆的危险特性，现场保持禁火禁电。

（2）告知报警人远离有气味的区域，向上风向转移。

（3）必要时告知报警人实施紧急避险。

（四）引导警戒

风险提示后，接警人员应争取报警人协助开展现场引导和警戒工作，并承诺对报警人给予相应奖励。

（1）劝导周边人群撤离或远离泄漏区域。

（2）尽量维持现场警戒，限制人员及车辆进入燃气泄漏区域。

（五）信息报送

接警人员在接警全过程中，要及时、准确、完整地记录和整理信息，同级共享和逐级报送，对接警信息进行先期研判，便于快速、准确启动预警及响应。

（1）根据事故性质和严重程度，灵活采用信息系统、电话、呼喊、一键报警等不同方式进行信息传递。

（2）保持与报警人的联系，确保信息的及时更新和有效传递。

二、应急预警

为快速研判事态趋势，及时传递预警信息，开展应急准备，协调调动应急专家、专业队伍和物资装备等应急资源支持，具体开展以下工作。

（一）初步研判

根据事故性质、严重程度、影响范围和可控性，结合预警和响应分级明确的条件，初步研判预警和响应级别。

（二）应急准备

按照初步研判结果，开展应急准备工作。

（1）第一时间派工派警。立即调派周边具备处置能力的机动哨兵快速抵达现场，并向其传递报警地点、报警人、电话、数字地图、事发村内调压柜、阀井信息、事发村居民用户信息等派工信息，同步派工派警，并与村燃气协管员取得联系。

（2）同步应急资源准备。组织企业各相关部门依据预案规定的职责和分工要求开展相应应急资源准备。

（3）必要时应急联动。当初判燃气泄漏和对周边影响较大时，立即报告村委会、政府、应急、消防、交通、相关方等开展联动响应。

（三）向政府报告

事发企业应根据法律法规和当地政府规定，同时向当地政府有关部门报告突发事件信息。

（四）预警解除

当符合预警解除条件时，经核实批准后，实施预警解除。

三、响应启动

当在应急预警阶段研判为疑似燃气泄漏或事态可控时，由机动哨兵开展先期处置；当在应急预警阶段研判确认燃气泄漏或事态严重时，应直接启动抢险队伍响应线；当机动哨兵现场确认泄漏严重后，应立即启动抢险队伍响应线。

（一）信息核实

机动哨兵抵达现场后，同报警人及村燃气协管员快速对以下信息进行核实：具体泄漏位置、是否存在燃气窜入周边密闭空间的情况、当前事态、事件原因初判等。当现场无报警人时，应根据派工派警指令对现场进行核实，进行事故再次画像。

（二）现场警戒

机动哨兵在保证自身安全的前提下，对事故现场周边环境进行气体检测，依据初步检测的燃气泄漏范围，疏散事发现场人员，做好初步警戒等待抢险队伍的到来。必要时要求村燃气协管员协助处置，并对村内道路实施交通管制。

（三）信息反馈

机动哨兵应持续跟踪周边环境和事态变化，与应急中心保持专线联系，动态反馈现场情况，包括当前事态、先期处置进展情况、舆情状况等。

四、事态控制

（一）信息确认

应急处置专员抵达现场后，同机动哨兵/报警人快速对接核实和确认信息，并指挥抢险队伍开展检测探边、警戒疏散、泄漏控制、稀释放散等处置工作。

（二）检测探边

现场禁火禁电，开展气体检测，具体包括燃气浓度检测（包括地上、地下、室内外的空间检测）、远程压力监测、远程流量监测、有毒有害气体检测等。

根据检测结果，查找划定达到燃气爆炸下限 20%（即 1% VOL）的边界和燃气浓度为 0 的边界，具体包括以下内容。

（1）地上探边：包括村民户内外、停靠车辆内部、道路周边。

（2）沟井管道探边：包括排水沟、各类阀井、窨井、交叉管网等。对发现有燃气浓度的沟井，应沿敷设管线向外扩展探测，查找燃气窜气蔓延的边界。

（3）检测探边应重点关注"两高一密闭"、敷设有套管的管道井和特殊敏感区域。

（三）警戒疏散

（1）依据探边情况，动态调整警戒范围。警戒的内容应包括阻拦无关人员进入危险区域，实时监测警戒线处的监测数据、监护危险区域内的作业人员等。设置以下区域。

① 高风险区域：以可燃气体浓度达到爆炸下限的 20%（1% VOL）为边界划定区域，应布置警戒线及警示标识、实施燃气浓度检测监控、风向监控，区域内应采取进入许可、作业许可等安全措施。

② 人员疏散区域：爆炸影响范围为人员疏散区域，外围警戒应布置警戒线及标识，采取禁入措施。

需要注意的是，警戒范围要随探边检测数据的改变而变化，当泄漏影响公共交通道路时，应划定警戒区域，并实行交通管制。

（2）可通过村委会广播、大声呼喊、入户等方式引导村民进行疏散。

（四）泄漏控制

1. 控制阀门

（1）关阀：当泄漏量较大或影响面积较大时，应首先考虑关闭泄漏管段上、下游阀门控制局面。

（2）控阀：当泄漏量和影响面积较小时，为降低恢复难度，可采用控阀、放散（调压箱放散、阀门放散孔引出放散）降压修复处置，应有专人专门监测装置监控燃气压力变化（根据不同燃气种类，控制在 300 ~ 800 Pa 范围），降压过程中应控制降压速度，严禁管道内产生负压。

涉及停气或降压时，应考虑下游用户的用气情况，并及时告知用户与相关部门停供信息。

2. 稀释放散

环境浓度稀释：通过对泄漏管段周边建筑物、管沟、阀井、窨井等采取自然开放通风（如开盖通气）、防爆轴流风机强制通风等方法稀释泄漏的燃气，降低燃气浓度。当查漏开挖管沟后，聚集在土壤中的燃气会出现泄放，应根据情况及时使用防爆轴流风机强制通风。

（五）舆情管控

本着及时发声、消除影响、彰显责任、维护形象等原则，燃气企业应始终做好舆情监控，及时报告情况，做好媒体沟通，加强舆论引导，并及时对外发布相关信息。

（六）事故响应升级

如出现次生或衍生事故导致事态升级、超出本企业应急控制能力、可能波及周边区域时，燃气企业应及时向上级公司请求支援，同时立即报告村委会、政府、应急、消防、交通、相关方等开展联动响应。

五、现场抢修

事态得到控制后，实施现场抢修。现场抢修应持续、动态开展风险评估，关注周边燃气浓度变化，控制人员进场，注意抢修作业方式，避免发生次生、衍生事故。如涉及地下燃气设施抢修，应根据现场情况设置隔离沟。

（一）制定抢修方案

依托现场处置方案，结合现场环境和专家意见，制定抢修实施方案，并进行技术交底。

（二）确认抢修条件

（1）可燃气体浓度、一氧化碳、二氧化硫等有毒有害气体及氧含量浓度确认。

（2）机具配备确认。

（3）人员能力确认。

（4）作业环境确认。

（5）安全防护措施落实确认。

（6）监督、监护、监测人员到位确认。

（7）气源控制情况确认。

（三）实施抢修作业

1. 按照抢修方案，实施抢修作业

核对竣工图及管线地理信息，与村委会，其他管线单位进行沟通，确认村内道路其他专业管线的走向、埋深等信息后，及时挖出泄漏处管沟土方。在抢修焊接过程中，要用轴流风机强制排出管沟的天然气，并进行不间断的可燃气体检测和安全监护。准备措施如下。

（1）将管沟内聚集的天然气自由挥发一段时间。当管沟内漏气量很大时，先进行空气置换，在管沟一端安放防爆轴流风机将管沟内的天然气吹出。

（2）用可燃气体探测仪测量管沟内天然气浓度，其浓度必须小于爆炸下限的20%，管沟空气合格后，方可施工。

（3）将沟内管槽内覆土清除，其间实时随时监测天然气浓度，保证施工人员的安全。

（4）所有抢修人员进入管沟前必须采取消除静电措施，必要时要戴呼吸装备方可进入。

2. 修复质量验收（包括严密性试验、压力试验等安全测试）

完成修复后，应对事故点周边夹层、窨井、烟道、地下管线和建（构）筑物等场所进行全面检查，应安排对事故点进行24小时重点监护，临时性补救要在有效期内及时整改。

3. 后续监测

24小时之内对修复泄漏部位进行全面检测，一周之内再次进行复查。

六、恢复供气

应按《城镇燃气设施运行、维护和抢修安全技术规程》（CJJ 51—2016）要求，对受影响场所的燃气设备设施进行安全试验、恢复供气。

1. 恢复供气环节的重点关注事项

（1）不宜于夜间22:00至次日凌晨6:00实施严密性检测。

（2）管网端应持续检测周边沟井涵渠等密闭、半密闭空间是否有燃气残留。

（3）提前编制置换方案，并通知相关用户。

（4）全面检查燃气设施，对停气用户逐户点火复气。

2. 严禁恢复供气的情况

（1）抢修现场曾检测到燃气浓度显示，但没有找到泄漏原因的。

（2）抢修现场发现漏点后，泄漏没有彻底处理或根源没有消除的。

（3）抢修现场燃气浓度仍然超标的。

（4）没有进行置换通气前的安全检查和试验的。

（5）没有通知相关用户的。

七、解除应急

（1）现场维修完毕，经持续监测泄漏区域及相连管沟区域，确认燃气再无泄漏可能，宣布解除应急状态。

（2）积极配合政府和公安部门做好事故调查及责任认定。

（3）整理应急过程记录，编写现场应急工作总结报告。

（4）做好后期的舆情监测和应对，根据需要组织信息发布，说明突发事件处理完毕后的调查结果、采取的措施、善后处理的安排及预防改进措施等。

（5）根据应急职责分配，相关部门负责对总结报告提出的改进措施落实情况进行检查和督办。

第七节　小区内部不明泄漏

本指导流程适用于管网端小区内部（庭院管网）不明泄漏的应急处置。

管网端小区内部（庭院管网）不明泄漏应急处置流程一般分为接警报告、应急预警、响应启动、事态控制、现场抢修、恢复供气、解除应急 7 个阶段。

一、接警报告

（一）信息接收

燃气企业应设置并对外公布 24 小时报警电话；接警电话要具有录音功能，录音存储时间不少于 30 天；接警岗位要保证 24 小时有人在岗值班。

（二）基本问询

接警人员开展基本问询，并进行事故初期画像，问询内容包括但不限于以下内容。

（1）地点：街区、小区、周围地标、周边燃气设施、标识。

（2）身份：报警人姓名、电话、着装标志。

（3）周边环境：是否有施工动土、人员伤亡、物品损坏，是否有明显的燃气泄漏。

（三）风险提示

基本问询后，接警人员应请报警人立即联系物业单位，并做以下风险提示。

（1）告知报警人燃气易燃易爆的危险特性，现场保持禁火禁电。

（2）告知报警人远离有气味的区域，向上风向转移。

（3）必要时告知报警人实施紧急避险。

（四）引导警戒

风险提示后，接警人员应争取报警人协助开展现场引导和警戒工作，同时告知报警人让物业单位尽快到事故现场接手疏散警戒工作。

（1）劝导周边人群撤离或远离疑似泄漏区域。

（2）尽量维持现场警戒，限制人员及车辆进入疑似燃气泄漏区域。

（五）信息报送

接警人员在接警全过程中，要及时、准确、完整地记录和整理信息，同级共享和逐级报送，对接警信息进行先期研判，便于快速、准确启动预警及响应。

（1）根据事故性质和严重程度，灵活采用信息系统、电话、呼喊、一键报警等不同方式进行信息传递。

（2）保持与报警人的联系，确保信息的及时更新和有效传递。

二、应急预警

为快速研判事态趋势，及时传递预警信息，开展应急准备，协调调动应急专家、专业队伍和物资装备等应急资源支持，具体开展以下工作。

（一）初步研判

根据事故性质、严重程度、影响范围和可控性，结合预警和响应分级明确的条件，初步研判预警和响应级别。

（二）应急准备

按照初步研判结果，开展应急准备工作。

（1）第一时间派工派警。立即调派周边具备处置能力的机动哨兵快速抵达现场，并向其传递报警地点、报警人、电话、数字地图、小区内调压柜、阀井信息、小区居民用户信息等派工信息，同步派工派警，并与小区协管员取得联系。

（2）同步应急资源准备。组织企业各相关部门依据预案规定的职责和分工要求开展相应应急资源准备。

（3）必要时应急联动。当初判燃气泄漏和对周边影响较大时，立即报告政府、应急、消防、交通、社区物业、相关方等开展联动响应。

（三）向政府报告

事发企业应根据法律法规和当地政府规定，同时向当地政府有关部门报告突发事件信息。

（四）预警解除

当符合预警解除条件时，经核实批准后，实施预警解除。

三、响应启动

当在应急预警阶段研判为疑似燃气泄漏或事态可控时，由机动哨兵开展先期处置；当在应急预警阶段研判确认燃气泄漏或事态严重时，应直接启动抢险队伍响应线；当机动哨兵现场确认泄漏严重后，应立即启动抢险队伍响应线。

（一）信息核实

机动哨兵抵达现场后，同报警人及物业单位快速对以下信息进行核实：是否为燃气泄漏、泄漏具体地点、是否存在燃气窜入周边密闭空间的情况、当前事态、事件原因初判等。当现场无报警人时，应根据派工派警指令对现场进行核实，进行事故再次画像。

（二）处置警戒

机动哨兵应同步开展周边环境气体检测，一旦确认泄漏情况，在保证自身安全的情况下，尽可能疏散现场；利用地理信息系统确定泄漏区域管道位置及详细数据，维护现场等待后援；在条件允许的情况下可开展探边工作。必要时请求物业单位协助警戒疏散。

（三）信息反馈

机动哨兵应持续跟踪周边环境和事态变化，与应急中心保持专线联系，动态反馈现场事态，包括当前事态、先期处置进展情况、舆情状况等。

四、事态控制

（一）信息确认

应急处置专员、抢险队伍抵达现场后，同机动哨兵/报警人快速对接核实和确认信息，并指挥抢险队伍开展检测探边、警戒疏散、泄漏控制、稀释放散等处置工作。

（二）检测探边

现场禁火禁电，开展气体检测，具体包括燃气种类分析检测（使用不同的检测仪器进行对比检测），燃气浓度检测（包括地上、地下、室内外的空间检测）、远程压力监测、远程流量监测、有毒有害气体浓度检测等。

根据检测结果，查找划定达到燃气爆炸下限20%（即1% VOL）的边界和燃气浓度为0的边界，具体包括以下内容。

（1）地上探边：包括楼道、户内、停靠车辆等内部区域及绿化带、道路等外部区域。

（2）地下探边：包括地下室、半地下室等区域。

（3）沟井管道探边：包括上水、下水、暖气、电力、电信等全部阀井、窨井，尤其注意交叉管网的部分。对发现有燃气浓度的沟井，应沿敷设管线向外扩展探测，查找燃气窜气蔓延的边界。

（4）检测探边应重点关注“两高一密闭”、敷设有套管的管道井和特殊敏感区域。

（三）警戒疏散

（1）依据探边情况，动态调整警戒范围，警戒的内容应包括阻拦无关人员进入危险区域、实时监测警戒线处的监测数据、监护危险区域内的作业人员等。设置以下区域。

① 高风险区域：以可燃气体浓度达到爆炸下限 20%（1% VOL）为边界划定区域，应布置警戒线及警示标识、实施燃气浓度检测监控、风向监控，区域内应采取进入许可、作业许可等安全措施。

② 人员疏散区域：爆炸影响范围为人员疏散区域，外围警戒应布置警戒线及标识，采取禁入措施。

需要注意的是，警戒范围要随探边检测数据的改变而变化，当泄漏影响公共交通道路时，应划定警戒区域，并实行交通管制。可联系街道、物业单位共同引导居民进行疏散。

（2）可通过广播、大声呼喊、入户等方式引导居民疏散。

（四）泄漏控制

1. 控制阀门

（1）关阀。当发生不明泄漏，泄漏量或影响面积较大时，应首先通过声音、气味等判断泄漏区域，关闭泄漏区域管段上、下游阀门。关阀时应对关闭区域的管段进行压力监测，通过监测结果判定泄漏管段，对泄漏管段进行主动放散泄压（调压箱放散、阀门放散孔引出放散）。

当发生不明泄漏，泄漏量较小时，应选择先从周边的沟井开始检测，依据检测数据，以及现场沟井与管线距离，结合管线路由判断泄漏管段。

（2）控阀。当确定了泄漏管段，且泄漏量和影响面积较小时，为降低恢复难度，对泄漏管段可进行控阀、放散（调压箱放散、阀门放散孔引出放散）降压。降压过程中应有专人专门监测装置监控燃气压力变化（根据不同燃气种类，压力控制在 300 ~ 800 Pa 范围），控制降压速度，严禁管道内产生负压。

2. 稀释放散

（1）环境浓度稀释：通过对泄漏管段周边建筑物、管沟、阀井、窨井等采取自然开放通风（如开盖通气）、防爆轴流风机强制通风等方法稀释泄漏的燃气，降低燃气浓度。

（2）管道燃气放散：当确定了泄漏管段，应通过放散装置（如调压箱放散管、由阀门放散孔引出放散管）进行放散，尽量避免泄漏点周围燃气的浓度上升及泄漏范围的扩大。

涉及停气或者降压时，应考虑下游用户的用气情况，及时告知用户与相关部门停供信息。

（五）舆情管控

本着及时发声、消除影响、彰显责任、维护形象等原则，燃气企业应始终做好舆情监控，及时报告情况，做好媒体沟通，加强舆论引导，并及时对外发布相关信息。

（六）事故响应升级

如出现次生或衍生事故导致事态升级、超出本企业应急控制能力、可能波及周边区域时，燃气企业应及时向上级公司请求支援，同时立即报告政府、应急、消防、交通、物业、相关方等开展联动响应。

五、现场抢修

事态得到控制后，实施现场抢修。现场抢修应持续、动态开展风险评估，关注周边燃气浓度变化，控制人员进场，注意抢修作业方式，避免发生次生、衍生事故。如涉及地下燃气设施抢修，应根据现场情况设置隔离沟。

（一）查漏

（1）根据竣工图、管线地理信息、小区内外燃气设施分布、管道走向等实际，结合现场检测、实际勘查的结果情况，初步分析判断泄漏原因和泄漏管段。

（2）综合运用压力检测、流量监测、燃气浓度检测、中心区域钻孔取样检测、循迹检测、观察土壤变化、分段打压查漏法、挖探坑查漏法、探坑注水查漏法、添加香味剂颜色剂、排查焊点法等多种方法查找漏点，注意考虑第二泄漏点。此外，要特别留意一些常见的泄漏迹象，如气味的变化、管道周围的湿润或泡沫，以及附近植物的异常生长等。这些都可能是天然气泄漏的迹象，需要及时进行处理。

（二）制定抢修方案

依托现场处置方案，结合现场环境和专家意见，制定抢修实施方案，并进行技术交底。

（三）确认抢修条件

（1）可燃气体浓度、一氧化碳、二氧化硫等有毒有害气体及氧含量浓度确认。

（2）机具配备确认。

（3）人员能力确认。

（4）作业环境确认。

（5）安全防护措施落实确认。

（6）监督、监护、监测人员到位确认。

（7）气源控制情况确认。

（四）实施抢修作业

1. 按照抢修方案，实施抢修作业

核对竣工图及管线地理信息，收集并确认其他专业管线的点位、埋深等情况，及时挖出泄漏处管沟土方。在抢修焊接过程中，要用轴流风机强制排出管沟的天然气，并进行不间断的可燃气体检测和安全监护。准备措施如下。

（1）将管沟内聚集的天然气自由挥发一段时间。当管沟内漏气量很大时，先进行空气置换，在管沟一端安放防爆轴流风机将管沟内的天然气吹出。

（2）用可燃气体探测仪测量管沟内天然气浓度，其浓度必须小于爆炸下限的 20%，气体浓度检测合格后，方可施工。

（3）将沟内管槽内覆土清除，其间实时监测天然气浓度，保证施工人员的安全。

（4）所有抢修人员进入管沟前必须采取消除静电措施，必要时要戴呼吸装备方可进入。

2. 修复质量验收（包括严密性试验、压力试验等安全测试）

完成修复后，应对事故点周边夹层、窨井、烟道、地下管线和建（构）筑物等场所进行全面检查，应安排对事故点进行 24 小时重点监护，临时性补救要在有效期内及时整改。

3. 后续监测

24 小时之内对修复泄漏部位进行全面检测，一周之内再次进行复查。

六、恢复供气

应按《城镇燃气设施运行、维护和抢修安全技术规程》（CJJ 51—2016）要求，对受影响场所的燃气设备设施进行安全试验、恢复供气。

1. 恢复供气环节的重点关注事项

（1）不宜于夜间 22:00 至次日凌晨 6:00 实施严密性检测。

（2）管网端应持续检测周边沟井涵渠等密闭、半密闭空间是否有燃气残留。

（3）提前编制置换方案，并通知相关用户。

（4）全面检查燃气设施，对停气用户逐户点火复气。

2. 严禁恢复供气的情况

（1）抢修现场曾检测到燃气浓度显示，但没有找到泄漏原因的。

（2）抢修现场发现漏点后，泄漏没有彻底处理或根源没有消除的。

(3) 抢修现场燃气浓度仍然超标的。

(4) 没有进行置换通气前的安全检查和试验的。

(5) 没有通知相关用户的。

七、解除应急

(1) 现场维修完毕，经持续监测泄漏区域及相连管沟区域，确认燃气再无泄漏可能，宣布解除应急状态。

(2) 积极配合政府和公安部门做好事故调查及责任认定。

(3) 整理应急过程记录，编写现场应急工作总结报告。

(4) 做好后期的舆情监测和应对，根据需要组织信息发布，说明突发事件处理完毕后的调查结果、采取的措施、善后处理的安排及预防改进措施等。

(5) 根据应急职责分配，相关部门负责对总结报告所提出改进措施落实情况进行检查和督办。

第八节　小区内部已知漏点泄漏

本指导流程适用于管网端小区内部（庭院管网）已知漏点泄漏的应急处置。

管网端小区内部（庭院管网）已知漏点应急泄漏处置流程一般分为：接警报告、应急预警、响应启动、事态控制、现场抢修、恢复供气、解除应急 7 个阶段。

一、接警报告

(一) 信息接收

燃气企业应设置并对外公布 24 小时报警电话；接警电话要具有录音功能，录音存储时间不少于 30 天；接警岗位要保证 24 小时有人在岗值班。

(二) 基本问询

接警人员开展基本问询，并进行事故初期画像，问询内容包括但不限于以下内容。

(1) 地点：街区、小区、泄漏位置（地上或地下）。

(2) 身份：报警人姓名、电话、着装标志。

(3) 周边环境：是否有施工动土、人员伤亡和物品损坏。

(三) 风险提示

基本问询后，接警人员应请报警人立即联系物业单位，并做以下风险提示。

（1）告知报警人燃气易燃易爆的危险特性，现场保持禁火禁电。

（2）告知报警人远离有气味的区域，向上风向转移。

（3）必要时告知报警人实施紧急避险。

（四）引导警戒

风险提示后，接警人员应争取报警人协助开展现场引导和警戒工作，同时告知报警人让物业单位尽快到事故现场接手疏散警戒工作。

（1）劝导周边人群撤离或远离泄漏区域。

（2）尽量维持现场警戒，限制人员及车辆进入燃气泄漏区域。

（五）信息报送

接警人员在接警全过程中，要及时、准确、完整地记录和整理信息，同级共享和逐级报送，对接警信息进行先期研判，便于快速、准确启动预警及响应。

（1）根据事故性质和严重程度，灵活采用信息系统、电话、呼喊、一键报警等不同方式进行信息传递。

（2）保持与报警人的联系，确保信息的及时更新和有效传递。

二、应急预警

为快速研判事态趋势，及时传递预警信息，开展应急准备，协调调动应急专家、专业队伍和物资装备等应急资源支持，具体开展以下工作。

（一）初步研判

根据事故性质、严重程度、影响范围和可控性，结合预警和响应分级明确的条件，初步研判预警和响应级别。

（二）应急准备

按照初步研判结果，开展应急准备工作。

（1）第一时间派工派警。立即调派周边具备处置能力的机动哨兵快速抵达现场，并向其传递报警地点、报警人、电话、数字地图、小区内调压柜、阀井信息、小区居民用户信息等派工信息，同步派工派警。

（2）同步应急资源准备。组织企业各相关部门依据预案规定的职责和分工要求开展相应应急资源准备。

（3）必要时应急联动。当初判燃气泄漏和对周边影响较大时，立即报告政府、应急、消防、交通、社区物业、相关方等开展联动响应。

（三）向政府报告

事发企业应根据法律法规和当地政府规定，同时向当地政府有关部门报告突发事件信息。

（四）预警解除

当符合预警解除条件时，经核实批准后，实施预警解除。

三、响应启动

当在应急预警阶段研判为疑似燃气泄漏或事态可控时，由机动哨兵开展先期处置；当在应急预警阶段研判确认燃气泄漏或事态严重时，应直接启动抢险队伍响应线；当机动哨兵现场确认泄漏严重后，应立即启动抢险队伍响应线。

（一）信息核实

机动哨兵抵达现场后，同报警人及物业单位快速对以下信息进行核实：泄漏具体位置、是否存在燃气窜入周边密闭空间的情况、当前事态、事件原因初判等。当现场无报警人员时，应根据派工派警指令对现场进行核实，进行事故再次画像。

（二）现场警戒

机动哨兵在保证自身安全的情况下，尽可能疏散现场；利用地理信息系统确定泄漏区域管道位置及详细数据，维护现场等待后援；在条件允许的情况下可开展探边工作。必要时请求物业单位协助警戒疏散。

（三）信息反馈

机动哨兵应持续跟踪周边环境和事态变化，与应急中心保持专线联系，动态反馈现场事态，包括当前事态、先期处置进展、舆情状况等。

四、事态控制

（一）信息确认

应急处置专员抵达现场后，同机动哨兵/报警人快速对接核实和确认信息，并指挥抢险队伍开展检测探边、警戒疏散、泄漏控制、稀释放散等处置工作。

（二）检测探边

现场禁火禁电，开展气体检测，具体包括燃气浓度检测（包括地上、地下、室内外的空间检测）、远程压力监测、远程流量监测、有毒有害气体检测等。

根据检测结果，查找划定达到燃气爆炸下限20%（即1% VOL）的边界和燃气浓度为0的边界，具体包括以下内容。

（1）地上探边：包括楼道、户内、停靠车辆等内部区域，以及绿化带、道路等外部区域。

（2）地下探边：包括地下室、半地下室等区域。

（3）沟井管道探边：包括上水、下水、暖气、电力、电信等全部阀井、窨井，尤其注意交叉管网的部分。对发现有燃气浓度的沟井，应沿敷设管线向外扩展探测，查找燃气窜气蔓延的边界。

（4）检测探边应重点关注“两高一密闭”、敷设有套管的管道井和特殊敏感区域。

（三）警戒疏散

（1）依据探边情况，动态调整警戒范围，警戒的内容应包括阻拦无关人员进入危险区域、实时监测警戒线处的监测数据、监护危险区域内的作业人员等。设置以下区域。

① 高风险区域：以可燃气体浓度达到爆炸下限20%（1% VOL）为边界划定区域，应布置警戒线及警示标识、实施燃气浓度检测监控、风向监控，区域内应采取进入许可、作业许可等安全措施。

② 人员疏散区域：爆炸影响范围为人员疏散区域，外围警戒应布置警戒线及标识，采取禁入措施。

需要注意的是，警戒范围要随探边检测数据的改变而变化，当泄漏影响公共交通道路时，应划定警戒区域，并实行交通管制。可联系街道、居委会共同引导居民进行疏散。

（2）可通过广播、大声呼喊、入户等方式引导居民疏散。

（四）泄漏控制

1. 控制阀门

（1）关阀。当泄漏量或影响面积较大时，应首先考虑关闭泄漏管段上、下游阀门控制局面。

（2）控阀。当泄漏量和影响面积较小时，为降低恢复难度，可采用控阀、放散（调压箱放散、阀门放散孔引出放散）降压修复处置。应有专人专门监测装置监控燃气压力变化（根据不同燃气种类，控制在300～800 Pa范围），控制降压速度，严禁管道内产生负压。

涉及停气或降压时，应考虑下游用户的用气情况，并及时告知用户与相关部门停供信息。

2. 稀释放散

环境浓度稀释：通过对泄漏管段周边建筑物、管沟、阀井、窨井等采取自然开放通风（如开盖通气）、防爆轴流风机强制通风等方法稀释泄漏的燃气，降低燃气浓度。当查漏开挖管沟后，聚集在土壤中的燃气会出现泄放，应根据情况及时使用防爆轴流风机强制通风。

（五）舆情管控

本着及时发声、消除影响、彰显责任、维护形象等原则，燃气企业应始终做好舆情监控，及时报告情况，做好媒体沟通，加强舆论引导，并及时对外发布相关信息。

（六）事故响应升级

如出现次生或衍生事故导致事态升级、超出本企业应急控制能力、可能波及周边区域时，燃气企业应及时向上级公司请求支援，同时立即报告政府、应急、消防、交通、物业、相关方等开展联动响应。

五、现场抢修

事态得到控制后，实施现场抢修。现场抢修应持续、动态开展风险评估，关注周边燃气浓度变化，控制人员进场，注意抢修作业方式，避免发生次生、衍生事故。如涉及地下燃气设施抢修，应根据现场情况设置隔离沟。

（一）制定抢修方案

依托现场处置方案，结合现场环境和专家意见，制定抢修实施方案，并进行技术交底。

（二）确认抢修条件

（1）可燃气体浓度、一氧化碳、二氧化硫等有毒有害气体及氧含量浓度确认。

（2）机具配备确认。

（3）人员能力确认。

（4）作业环境确认。

（5）安全防护措施落实确认。

（6）监督、监护、监测人员到位确认。

（7）气源控制情况确认。

（三）实施抢修作业

1. 按照抢修方案，实施抢修作业

核对竣工图及管线地理信息，收集并确认其他专业管线的点位、埋深等情况，及时挖出泄漏处管沟土方。在抢修焊接过程中，要用轴流风机强制排出管沟的天然气，并进行不间断的可燃气体检测和安全监护。准备措施如下。

（1）将管沟内聚集的天然气自由挥发一段时间。当管沟内漏气量很大时，先进行空气置换，在管沟一端安放防爆轴流风机将管沟内的天然气吹出。

（2）用可燃气体探测仪测量管沟内天然气浓度，其浓度必须小于爆炸下限的20%，管沟空气合格后，方可施工。

（3）将沟内管槽内覆土清除，其间实时监测天然气浓度，保证施工人员的安全。

（4）所有抢修人员进入管沟前必须采取消除静电措施，必要时要戴呼吸装备方可进入。

2. 修复质量验收（包括严密性试验、压力试验等安全测试）

完成修复后，应对事故点周边夹层、窨井、烟道、地下管线和建（构）筑物等场所进行全面检查，应安排对事故点进行24小时重点监护，临时性补救要在有效期内及时整改。

3. 后续监测

24小时之内对修复泄漏部位进行全面检测，一周之内再次进行复查。

六、恢复供气

应按《城镇燃气设施运行、维护和抢修安全技术规程》（CJJ 51—2016）要求，对受影响场所的燃气设备设施进行安全试验、恢复供气。

1. 恢复供气环节的重点关注事项

（1）不宜于夜间22:00至次日凌晨6:00实施严密性检测。

（2）管网端应持续检测周边沟井涵渠等密闭、半密闭空间是否有燃气残留。

（3）提前编制置换方案，并通知相关用户。

（4）全面检查燃气设施，对停气用户逐户点火复气。

2. 严禁恢复供气的情况

（1）抢修现场曾检测到燃气浓度显示，但没有找到泄漏原因的。

（2）抢修现场发现漏点后，泄漏没有彻底处理或根源没有消除的。

（3）抢修现场燃气浓度仍然超标的。

（4）没有进行置换通气前的安全检查和试验的。

（5）没有通知相关用户的。

七、解除应急

（1）现场维修完毕，经持续监测泄漏区域及相连管沟区域，确认燃气再无泄漏可能，宣布解除应急状态。

（2）积极配合政府和公安部门做好事故调查及责任认定。

（3）整理应急过程记录，编写现场应急工作总结报告。

（4）做好后期的舆情监测和应对，根据需要组织信息发布，说明突发事件处理完毕后的调查结果、采取的措施、善后处理的安排及预防改进措施等。

（5）根据应急职责分配，相关部门负责对总结报告所提出改进措施落实情况进行检查和督办。

第四章　用户端燃气泄漏应急处置流程

第一节　工业用户厂区周边泄漏

本指导流程适用于工业用户厂区周边区域燃气泄漏的应急处置。

工业用户厂区周边区域燃气泄漏应急处置流程一般分为接警报告、应急预警、响应启动、事态控制、现场抢修、恢复供气、解除应急7个阶段。

一、接警报告

（一）信息接收

燃气企业应设置并对外公布24小时报警电话；接警电话要具有录音功能，录音存储不少于30天；接警岗位要保证24小时有人在岗值班。

（二）基本问询

接警人员开展基本问询，并进行事故初期画像，问询内容包括但不限于以下内容。

（1）事故性质：泄漏、着火、爆炸。

（2）地点：事发街区、地标、道路名、工业区名、门牌号、企业名称（附近）、周边燃气设施、标识。

（3）身份：报警人姓名、电话、着装标志、职业身份。

（4）事态情况：是否有人员中毒或伤亡、物品损坏等情况。

（5）周边环境：是否有人员密集情况，是否有施工动土，气味是否明显、能否听到气流声等管网端泄漏的典型特征。

（三）风险提示

接警人员应对报警人做以下风险提示。

（1）告知报警人燃气易燃易爆的危险特性，现场保持禁火禁电。

（2）告知报警人远离有气味区域接打电话。

（3）告知报警人撤离至安全区域，向上风向转移。

（4）如发现已有人员伤亡，在专业指导下救援。

（5）必要时告知报警人实施紧急避险。

（四）引导警戒

风险提示后，接警人员在征询报警人意愿和能力的前提下，争取报警人协助开展现场引导和警戒工作，并承诺对报警人给予相应奖励。

（1）劝导周边人群撤离或远离泄漏区域。

（2）尽量维持现场警戒，限制人员及车辆进入燃气泄漏区域。

（3）邻近道路的，应指导报警人尽可能疏散车辆，并封锁道路。

（4）协助引导机动哨兵快速抵达现场。

（五）信息报送

接警人员在接警过程中，要及时、准确、完整地记录和整理信息，同级共享和逐级报送，对接警信息进行先期研判，便于快速、准确启动预警及响应。

（1）根据事故性质和严重程度，灵活采用信息系统、电话、呼喊、一键报警等不同方式进行信息传递。

（2）保持与报警人的联系，确保信息的及时更新和有效传递。

二、应急预警

为快速研判事态趋势，及时传递预警信息，开展应急准备，协调调动应急专家、专业队伍和物资装备等应急资源支持，具体开展以下工作。

（一）初步研判

根据事故性质、严重程度、影响范围和可控性，结合预警和响应分级明确的条件，初步研判预警和响应级别。

（二）应急准备

按照初步研判结果，开展应急准备工作。

（1）第一时间派工派警。立即调派周边具备处置能力的机动哨兵快速抵达现场，并向其传递报警地点、报警人、电话、数字地图、泄漏区域周边用户生产情况、泄漏区域周边燃气管道基础资料、泄漏区域上下游燃气设备设施基础资料、控制点等派工信息，同步派工派警。

（2）同步应急资源准备。组织企业各相关部门依据预案规定的职责和分工要求开展相应应急资源准备。

（3）必要时应急联动。当初判燃气泄漏和对周边影响较大时，立即报告政府、应急、消防、医疗、交通、相关方等开展联动响应。

（三）向政府报告

事发企业应根据法律法规和当地政府规定，同时向当地政府有关部门报告突发事件信息。

（四）预警解除

当符合预警解除条件时，经核实批准后，实施预警解除。

三、响应启动

当在应急预警阶段研判为疑似燃气泄漏或事态可控时，由机动哨兵开展先期处置；当在应急预警阶段研判确认燃气泄漏或事态严重时，应直接启动抢险队伍响应线；当机动哨兵现场确认泄漏严重后，应立即启动抢险队伍响应线。

（一）信息核实

机动哨兵抵达现场后，同报警人快速对以下信息进行核实：是否为燃气泄漏、泄漏具体地点、是否存在燃气窜入周边密闭空间的情况、当前事态、事件原因初判等。当现场无报警人时，应根据派工派警指令对现场进行核实，进行事故再次画像。

如核实确为燃气泄漏，机动哨兵应立即回复应急中心，请求应急中心报警110给予支援。

（二）处置警戒

机动哨兵应同步开展周边环境气体检测，一旦确认泄漏情况，在保证自身安全的情况下，尽可能疏散现场；利用地理信息系统确定泄漏区域管道位置及详细数据，维护现场等待后援；在条件允许的情况下可开展探边工作。

110到达现场后，立即请求110协助警戒疏散，并进一步封锁道路。

（三）信息反馈

机动哨兵应持续跟踪周边环境和事态变化，与应急中心保持专线联系，动态反馈现场事态，包括当前事态、先期处置进展、舆情状况等。

四、事态控制

（一）信息确认

应急处置专员抵达现场后，同机动哨兵/报警人快速对接核实和确认信息，并指挥抢险队伍开展检测探边、警戒疏散、泄漏控制、稀释放散等处置工作。

（二）检测探边

现场禁火禁电，开展气体检测，具体包括燃气种类分析检测（使用不同的检测仪器进行对比检测）、燃气浓度检测（包括地上、地下、室内外的空间检测）等。

根据检测结果，查找划定达到燃气爆炸下限20%（即1% VOL）的边界和燃气浓度为0的边界，具体包括以下内容。

（1）地上探边：包括泄漏区域周边建筑物楼道、户内、停靠车辆等内部区域，以及绿化带、道路等外部区域。

（2）地下探边：包括地下室、半地下室等区域。

（3）沟井管道探边：包括上水、下水、暖气、电力、电信等全部阀井、窨井。对发现有燃气浓度的沟井，应沿敷设管线向外扩展探测，查找燃气窜气蔓延的边界。

（4）检测探边应重点关注“两高一密闭”、敷设有套管的管道井等区域。

（三）警戒疏散

（1）依据探边情况，动态调整警戒范围，警戒的内容应包括阻拦无关人员进入危险区域、实时监测警戒线处的监测数据、监护危险区域内的作业人员等。设置以下区域。

① 高风险区域：以可燃气体浓度达到爆炸下限的20%（1% VOL）为边界划定区域，应布置警戒线及警示标识、实施燃气浓度检测监控等安全措施。

② 人员疏散区域：在燃气爆炸波及范围以外的区域应实行外围警戒、动态监测。外围警戒应布置警戒线及标识，警戒区域随泄漏检测数据的改变而变化，警戒区内严禁烟火，采取禁入措施，严禁无关人员入内。当泄漏影响公共交通道路时，应划定警戒区域，并实行交通管制。

（2）疏散。将所有可能受到威胁的人员疏散转移到安全区域。当需要疏散周边企业人员时，应上报政府单位协调企业进行人员疏散。

（四）泄漏控制

1. 控制阀门

当工业用户厂区周边区域管网端发生泄漏，泄漏量或影响面积较大时，应首先考虑关闭泄漏管段上、下游阀门控制局面。当出现泄漏区域内存在多条管线情况，关阀应由低向高逐级、逐段关闭。关阀时应对关闭的管段进行压力检测，通过压力检测结果判定泄漏管段的位置，当确定泄漏管段后，进行主动放散泄压修复（调压箱/调压柜放散、阀门放散孔引出放散）。

2. 临时封堵

泄漏量小、压力低，或者下游用气高峰、工业用户数量多、存在不可断供用户等不宜停气的情况，可采取临时封堵的方式控制泄漏。

涉及停气或降压时，应考虑下游用户的用气情况，及时告知受影响用户与相关部门停供信息，并沟通协调受影响用户做好生产应急调整和应对。

3. 稀释放散

(1) 环境浓度稀释。通过对泄漏区域周边建筑物、管沟、阀井、窨井、检测探孔等采取自然开放通风（如开盖通气）、防爆轴流风机强制通风等方法稀释泄漏的燃气，降低燃气浓度。当查漏开挖管沟后，聚集在土壤中的燃气会出现泄放，应根据情况及时使用防爆轴流风机强制通风。

(2) 管道燃气放散。当确定了泄漏管段，应通过在固定放散装置（如调压箱放散管、由阀门放散孔引出放散管）进行放散，尽量避免泄漏点周围燃气的浓度上升及泄漏范围的扩大。

（五）舆情管控

本着及时发声、消除影响、彰显责任、维护形象等原则，燃气企业应始终做好舆情监控，及时报告情况，做好媒体沟通，加强舆论引导，并及时对外发布相关信息。

（六）应急供气保障

当突发事件对供气造成影响，泄漏管段下游有重点保供单位或停供气将造成工业用户重大生产损失时，在保证安全的前提下，应启动应急供气保障，减少燃气泄漏及其他事故的影响范围和后果。

（七）事故响应升级

如出现次生或衍生事故导致事态升级、超出本企业应急控制能力、可能波及周边区域时，燃气企业应及时向上级公司请求支援，同时立即报告政府、应急、消防、医疗、交通、相关方等开展联动响应，并协助公安、消防及其他有关部门进行抢救、保护现场和疏散人员。

五、现场抢修

事态得到控制后，实施现场抢修。现场抢修应持续、动态开展风险评估，关注周边燃气浓度变化，控制人员进场，注意抢修作业方式，避免发生次生、衍生事故。如涉及地下燃气设施抢修，应根据现场情况设置隔离沟。

（一）查漏

(1) 根据工业用户厂区周边区域燃气设施分布、燃气管道走向等各类场所实际，结合现场检测、实际勘查的结果情况，初步分析判断泄漏原因和泄漏管段。

(2) 综合运用压力检测、流量监测、燃气浓度检测、中心区域钻孔取样检测、循迹检测、观察土壤变化、分段打压查漏法、挖探坑查漏法、探坑注水查漏法、添加香味剂颜色剂、排查焊点法等多种方法查找漏点；查漏要注意考虑第二泄漏点。

（二）制定抢修方案

依托现场处置方案，结合现场环境和专家意见，制定抢修实施方案，并进行技术交底。

（三）确认抢修条件

（1）可燃气体浓度确认（可燃气体浓度低于爆炸下限的20%时，方可进行维修作业）。

（2）机具配备确认。

（3）抢修材料确认。

（4）人员能力确认。

（5）作业环境确认。

（6）安全防护措施落实确认。

（7）监督、监护、监测人员到位确认。

（8）气源控制情况确认。

（四）实施抢修作业

（1）按照抢修方案，实施抢修作业。

（2）修复质量验收，包括钢质管道内部质量和外观检查、钢质管道防腐层修复、严密性试验、压力试验等安全测试。

（3）后续监测。24小时之内对修复泄漏部位进行全面检测，一周之内再次进行复查。

六、恢复供气

应按《城镇燃气设施运行、维护和抢修安全技术规程》（CJJ 51—2016）要求，对受影响场所的燃气设备设施进行安全试验、恢复供气。

恢复供气前，应反馈信息至应急中心，做好下游用户恢复供气通知；恢复供气后，应对修复的管道设施和受影响场所的燃气设备设施运行情况进行复查（包括燃气浓度检测、修复部位泄漏检查和受影响燃气设备设施工况排查），确保管道及燃气设备设施运行安全。

1. 恢复供气环节的重点关注事项

（1）不宜于夜间22:00至次日凌晨6:00实施严密性检测。

（2）管网端应监测周边沟井、涵渠等密闭、半密闭空间是否有燃气残留。

（3）提前编制置换方案，并通知相关用户。

（4）全面检查燃气设施，对停气用户逐户点火复气。

2. 严禁恢复供气的情况

（1）抢修现场曾检测到燃气浓度显示，但没有找到泄漏原因的。

（2）抢修现场发现漏点后，泄漏没有彻底处理或根源没有消除的。

（3）抢修现场燃气浓度仍然超标的。

（4）没有进行置换通气前的安全检查和试验的。

（5）没有通知相关用户的。

七、解除应急

（1）现场维修完毕，经持续监测泄漏区域、部位，确认燃气再无泄漏可能，宣布解除应急状态。

（2）积极配合政府和公安部门做好事故调查及责任认定。

（3）整理应急过程记录。

（4）做好后期的舆情监测和应对，根据需要组织信息发布，说明突发事件处理完毕后的调查结果、采取的措施、善后处理的安排及预防改进措施等。

（5）根据应急职责分配，相关部门负责对总结报告所提出改进措施落实情况进行检查和督办。

第二节　工业用户非用气空间泄漏

本指导流程适用于工业用户非用气空间燃气泄漏的应急处置。

工业用户非用气空间燃气泄漏应急处置流程一般分为接警报告、应急预警、响应启动、事态控制、现场抢修、恢复供气、解除应急 7 个阶段。

一、接警报告

（一）信息接收

燃气企业应设置并对外公布 24 小时报警电话；接警电话要具有录音功能，录音存储时间不少于 30 天；接警岗位要保证 24 小时有人在岗值班。

（二）基本问询

接警人员开展基本问询，并进行事故初期画像，问询内容包括但不限于以下内容。

（1）事故性质：泄漏、着火、爆炸。

（2）地点：事发街区、地标、道路名、工业区名、门牌号、企业名称、周边燃气设施、标识。

（3）身份：报警人员姓名、电话、着装标志、职业身份。

（4）事态情况：是否有人员中毒或伤亡、物品损坏等情况。

（5）周边环境：是否有施工动土，气味是否明显，能否听到气流声等管网端泄漏的典型特征。

（三）风险提示

接警人员应对报警人做以下风险提示。

（1）告知报警人燃气易燃易爆的危险特性，现场保持禁火禁电。

（2）告知报警人远离有气味区域接打电话。

（3）告知报警人撤离至安全区域，向上风向转移。

（4）如发现已有人员伤亡，在专业指导下救援。

（5）必要时告知报警人实施紧急避险。

（四）引导警戒

指导报警人开展警戒和现场疏散工作，协助引导机动哨兵快速抵达现场。

（五）信息报送

接警人员在接警全过程中，要及时、准确、完整地记录和整理信息，同级共享和逐级报送，对接警信息进行先期研判，便于快速、准确启动预警及响应。

（1）根据事故性质和严重程度，灵活采用信息系统、电话、呼喊、一键报警等不同方式进行信息传递。

（2）保持与报警人的动态跟踪和信息传递。

二、应急预警

为快速研判事态趋势，及时传递预警信息，开展应急准备，协调调动应急专家、专业队伍和物资装备等应急资源支持，具体开展以下工作。

（一）初步研判

根据事故性质、严重程度、影响范围和可控性，结合预警和响应分级明确的条件，初步研判预警和响应级别。

（二）应急准备

按照初步研判结果，开展应急准备工作。

（1）第一时间派工派警。立即调派周边具备处置能力的机动哨兵快速抵达现场，并向其传递报警地点、报警人、电话、数字地图、用户生产情况、工业用户厂区范围燃气管道基础资料、设备设施基础资料、控制点等派工信息，同步派工派警。

（2）同步应急资源准备。组织企业各相关部门依据预案规定的职责和分工要求开展相应应急准备。

（3）必要时应急联动。当初判燃气泄漏并对周边影响较大时，立即报告政府、应急、消防、医疗、交通、相关方等开展联动响应。

（三）向政府报告

事发企业应根据法律法规和当地政府规定，立即向当地政府有关部门报告突发事件信息。

（四）预警解除

当符合预警解除条件时，经核实批准后，实施预警解除。

三、响应启动

当在应急预警阶段研判为疑似燃气泄漏或事态可控时，由机动哨兵开展先期处置；当在应急预警阶段研判确认燃气泄漏或事态严重时，应直接启动抢险队伍响应线；当机动哨兵现场确认泄漏严重后，应立即启动抢险队伍响应线。

（一）信息核实

机动哨兵抵达现场后，同报警人快速对以下信息进行核实：是否为燃气泄漏、泄漏具体地点、是否存在燃气窜入周边密闭空间的情况、当前事态、事件原因初判等。

（二）处置警戒

机动哨兵应同步开展周边环境气体检测，一旦确认泄漏情况，在保证自身安全的情况下，尽可能疏散现场；利用地理信息系统确定泄漏区域管道位置及详细数据，维护现场等待后援；在条件允许的情况下可开展探边工作。必要时请求工业用户人员协助警戒疏散。

（三）信息反馈

机动哨兵应持续跟踪周边环境和事态变化，与应急中心保持专线联系，动态反馈现场事态，包括当前事态、先期处置进展、舆情状况等。

四、事态控制

当机动哨兵现场确认泄漏严重后，应立即启动抢险队伍响应线；当在接警预警环节研判确认燃气泄漏或事态严重时，应直接启动抢险队伍响应线。

（一）信息确认

应急处置专员抵达现场后，同机动哨兵/报警人快速对接核实和确认信息，并指挥抢险队伍开展检测探边、警戒疏散、泄漏控制、稀释放散等处置工作。

（二）检测探边

（1）现场禁火禁电，开展气体检测，具体包括燃气种类分析检测（使用不同的检测仪器进行对比检测）、燃气浓度检测（包括地上、地下、室内外的空间检测）等。

（2）根据检测结果，查找划定达到燃气爆炸下限20%（即1% VOL）的边界和燃气浓度为0的边界，具体包括以下内容。

① 地上探边：包括邻近建筑物、停靠车辆等内部区域，以及绿化带、道路等外部区域。

② 地下探边：包括地下室、半地下室等区域。

③ 沟井管道探边：包括上水、下水、暖气、电力、电信等全部阀井、窨井。对发现有燃气浓度的沟井，应沿敷设管线向外扩展探测，查找燃气窜气蔓延的边界。

④ 检测探边应重点关注“两高一密闭”、敷设有套管的管道井等区域。

（三）警戒疏散

（1）依据探边情况，动态调整警戒范围，警戒的内容应包括阻拦无关人员进入危险区域、实时监测警戒线处的监测数据、监护危险区域内的作业人员等。设置以下区域。

① 高风险区域：以可燃气体浓度达到爆炸下限的20%（1% VOL）为边界划定区域，应布置警戒线及警示标识、实施燃气浓度检测监控等安全措施。

② 人员疏散区域：在燃气爆炸波及范围以外的区域应实行外围警戒、动态监测。外围警戒应布置警戒线及标识，警戒区域随泄漏检测数据的改变而变化，警戒区内严禁烟火，采取禁入措施，严禁无关人员入内。

（2）疏散。将所有可能受到威胁的人员疏散转移到安全区域。当需要疏散周边企业人员时，应上报政府单位协调企业进行人员疏散。

（四）泄漏控制

1. 控制阀门

当工业用户非用气空间发生泄漏，泄漏量或影响面积较大时，应首先考虑关闭泄漏管段上、下游阀门控制局面。当出现泄漏区域内存在多条管线情况，关阀应由低向高逐级、逐段关闭。关阀时应对关闭的管段进行压力检测，通过压力检测结果判定泄漏管段的位置，当确定泄漏管段后，进行主动放散泄压修复（调压箱/调压柜放散、阀门放散孔引出放散）。

2. 临时封堵

当泄漏量小、压力低，或者停气造成工业用户生产损失较大等不宜停气的情况，可采取临时封堵的方式控制泄漏。

3. 稀释放散

（1）环境浓度稀释：通过对泄漏区域周边建筑物、管沟、阀井、窨井、检测探孔等采取自然开放通风（如开盖通气）、防爆轴流风机强制通风等方法稀释泄漏的燃气，降低燃气浓度。当查漏开挖管沟后，聚集在土壤中的燃气会出现泄放，应根据情况及时使用防爆轴流风机强制通风。

（2）管道燃气放散：当确定了泄漏管段，应通过放散装置（如调压箱放散管、由阀门放散孔引出放散管）进行放散，尽量避免泄漏点周围燃气的浓度上升及泄漏范围的扩大。

（五）舆情管控

本着及时发声、消除影响、彰显责任、维护形象等原则，燃气企业应始终做好舆情监控，及时报告情况，做好媒体沟通，加强舆论引导，并及时对外发布相关信息。

（六）应急供气保障

当工业用户属于重点保供单位或停供气将造成用户重大生产损失时，在保证安全的前提下，应启动应急供气保障，减少燃气泄漏及其他事故的影响后果。

（七）事故响应升级

如出现次生或衍生事故导致事态升级、超出本企业应急控制能力、可能波及周边区域时，燃气企业应及时向上级公司请求支援，同时立即报告政府、应急、消防、医疗、交通、相关方等开展联动响应，并协助公安、消防及其他有关部门进行抢救、保护现场和疏散人员。

五、现场抢修

事态得到控制后，实施现场抢修。现场抢修应持续、动态开展风险评估，关注周边燃气浓度变化，控制人员进场，注意抢修作业方式，避免发生次生、衍生事故。如涉及地下燃气设施抢修，应根据现场情况设置隔离沟。

（一）查漏

（1）根据工业用户厂区范围内燃气设施分布、管道走向等各类场所实际，结合现场检测、实际勘查的结果情况，初步分析判断泄漏原因和泄漏管段。

（2）综合运用压力检测、流量监测、燃气浓度检测、中心区域钻孔取样检测、循迹检测、观察土壤变化、分段打压查漏法、挖探坑查漏法、探坑注水查漏法、添加香味剂颜色剂、排查焊点法等多种方法查找漏点；查漏要注意考虑第二泄漏点。

（二）制定抢修方案

依托现场处置方案，结合现场环境和专家意见，制定抢修实施方案，并进行技术交底。

（三）确认抢修条件

（1）可燃气体浓度确认。

（2）机具配备确认。

（3）抢修材料确认。

（4）人员能力确认。

（5）作业环境确认。

（6）安全防护措施落实确认。

（7）监督、监护、监测人员到位确认。

（8）气源控制情况确认。

（四）实施抢修作业

（1）按照抢修方案，实施抢修作业。

（2）修复质量验收，包括钢质管道内部质量和外观检查、钢质管道防腐层修复、严密性试验、压力试验等安全测试。

（3）后续监测。24 小时之内对修复泄漏部位进行全面检测，一周之内再次进行复查。

六、恢复供气

应按《城镇燃气设施运行、维护和抢修安全技术规程》（CJJ 51—2016）要求，对受影响场所的燃气设备设施进行安全试验、恢复供气。

恢复供气前，应反馈信息至工业用户，做好用户的有效通知；恢复供气后，应对修复的管道设施和受影响场所的燃气设备设施运行情况进行复查（包括燃气浓度检测、修复部位泄漏检查和受影响燃气设备设施工况排查），确保管道及燃气设备设施运行安全。

1. 恢复供气环节的重点关注事项

（1）不宜于夜间 22:00 至次日凌晨 6:00 实施严密性检测。

（2）应监测泄漏点周边沟井涵渠等密闭、半密闭空间是否有燃气残留。

（3）提前编制置换方案，并通知到工业用户。

（4）全面检查燃气设施，会同工业用户对用气设施逐台点火复气。

2. 严禁恢复供气的情况

（1）抢修现场曾检测到燃气浓度显示，但没有找到泄漏原因的。

（2）抢修现场发现漏点后，泄漏没有彻底处理或根源没有消除的。

（3）抢修现场燃气浓度仍然超标的。

（4）没有进行置换通气前的安全检查和试验的。

（5）没有通知相关用户的。

七、解除应急

（1）现场维修完毕，经持续监测泄漏区域、部位，确认燃气再无泄漏可能，宣布解除应急状态。

（2）积极配合政府和公安部门做好事故调查及责任认定。

（3）整理应急过程记录。

（4）做好后期的舆情监测和应对，根据需要组织信息发布，说明突发事件处理完毕后的调查结果、采取的措施、善后处理的安排及预防改进措施等。

（5）根据应急职责分配，相关部门负责对总结报告所提出改进措施落实情况进行检查和督办。

第三节　工业用户用气空间泄漏

本指导流程适用于工业用户用气空间燃气泄漏的应急处置。

工业用户用气空间燃气泄漏应急处置流程一般分为接警报告、应急预警、响应启动、事态控制、现场抢修、恢复供气、解除应急 7 个阶段。

一、接警报告

（一）信息接收

燃气企业应设置并对外公布 24 小时报警电话；接警电话要具有录音功能，录音存储时间不少于 30 天；接警岗位要保证 24 小时有人在岗值班。

（二）基本问询

接警人员开展基本问询，并进行事故初期画像，问询内容包括但不限于以下内容。

（1）事故性质：泄漏、着火、爆炸。

（2）地点：事发街区、地标、道路名、工业区名、门牌号、企业名称、周边燃气设施、标识。

（3）身份：报警人姓名、电话、着装标志、职业身份。

（4）事态情况：是否有人员中毒或伤亡、物品损坏等情况。

（5）周边环境：气味是否明显、能否听到气流声等用户端泄漏的典型特征。

（三）风险提示

接警人员应对报警人做以下风险提示。

（1）告知报警人燃气易燃易爆的危险特性，现场保持禁火禁电。

（2）告知报警人远离有气味区域接打电话。

（3）指导用户端报警人开窗通风、关阀切断气源。

（4）告知报警人撤离至安全区域，向上风向转移。

（5）如发现已有人员伤亡，在专业指导下救援。

（6）必要时告知报警人实施紧急避险。

（四）引导警戒

在征询报警人员意愿和能力的前提下，指导报警人开展警戒和现场疏散工作，协助引导机动哨兵快速抵达现场。

（五）信息报送

接警人员在接警全过程中，要及时、准确、完整地记录和整理信息，同级共享和逐级报送，对接警信息进行先期研判，便于快速、准确启动预警及响应。

（1）根据事故性质和严重程度，灵活采用信息系统、电话、呼喊、一键报警等不同方式进行信息传递。

（2）保持与报警人的联系，确保信息的及时更新和有效传递。动态跟踪和信息传递。

二、应急预警

为快速研判事态趋势，及时传递预警信息，开展应急准备，协调调动应急专家、专业队伍和物资装备等应急资源支持，具体开展以下工作。

（一）初步研判

根据事故性质、严重程度、影响范围和可控性，结合预警和响应分级明确的条件，初步研判预警和响应级别。

（二）应急准备

按照初步研判结果，开展应急准备工作。

（1）第一时间派工派警。立即调派周边具备处置能力的机动哨兵快速抵达现场，并向其传递报警地点、报警人、电话、数字地图、用户生产情况、工业用户厂区范围燃气管道基础资料、设备设施基础资料、控制点等派工信息，同步派工派警。

（2）同步应急资源准备。组织企业各相关部门依据预案规定的职责和分工要求开展相应应急资源准备。

（3）必要时应急联动。当初判燃气泄漏并对周边影响较大时，立即报告政府、应急、消防、医疗、交通、相关方等开展联动响应。

（三）向政府报告

事发企业应根据法律法规和当地政府规定，同时向当地政府有关部门报告突发事件信息。

（四）预警解除

当符合预警解除条件时，经核实批准后，实施预警解除。

三、响应启动

当在应急预警阶段研判为疑似燃气泄漏或事态可控时，由机动哨兵开展先期处置；当在应急预警阶段研判确认燃气泄漏或事态严重时，应直接启动抢险队伍响应线；当机动哨兵现场确认泄漏严重后，应立即启动抢险队伍响应线。

（一）信息核实

机动哨兵抵达现场后，同报警人快速对以下信息进行核实：是否为燃气泄漏、泄漏具体地点、是否存在燃气窜入周边密闭空间的情况、当前事态、事件原因初判等。

（二）处置警戒

机动哨兵应同步开展周边环境气体检测，一旦确认泄漏情况，在保证自身安全的前提下，迅速查找泄漏点，确认用户是否可中断、是否有备用路，决定是否可采取关阀、切换流程等方式控制泄漏。当燃气泄漏严重或用气空间燃气浓度较高时，应立即采取开窗通风、关阀（用气空间引入管阀门、室外调压箱/柜等）等控制措施，同时动态开展泄漏检测、探边、疏散和警戒。必要时请求工作用户人员协助警戒疏散。

（三）信息反馈

机动哨兵应持续跟踪周边环境和事态变化，与应急中心保持专线联系，动态反馈现场事态，包括当前事态、先期处置进展、舆情状况等。

四、事态控制

（一）信息确认

应急处置专员抵达现场后，同机动哨兵/报警人快速对接核实和确认信息，并指挥抢险队伍开展检测探边、警戒疏散、泄漏控制、稀释放散等处置工作。

（二）检测探边

（1）现场禁火禁电，开展气体检测，具体包括燃气种类分析检测（使用不同的检测仪器进行对比检测）、燃气浓度检测（包括地上、地下、室内外的空间检测）等。

（2）根据检测结果，查找划定达到燃气爆炸下限 20%（即 1% VOL）的边界和燃气浓度为 0 的边界，具体包括以下内容。

① 地上探边：包括用气空间及邻近建筑、停靠车辆等内部区域，以及绿化带、厂区道路等外部区域。

② 沟井管道探边：包括上水、下水、暖气、电力、电信等全部阀井、窨井。对发现有燃气浓度的沟井，应沿敷设管线向外扩展探测，查找燃气窜气蔓延的边界。

③ 检测探边应重点关注“两高一密闭”、敷设有套管的管道井等区域。

（三）警戒疏散

（1）依据探边情况，动态调整警戒范围，接警人员在接警全过程中，要及时、准确、完整地记录和整理信息，同级共享和逐级报送，对接警信息进行先期研判，便于快速、准确启动预警及响应。设置以下区域。

① 高风险区域：以可燃气体浓度达到爆炸下限的 20%（1% VOL）为边界划定区域，应布置警戒线及警示标识、实施燃气浓度检测监控等安全措施。

② 人员疏散区域：在燃气爆炸波及范围以外的区域应实行外围警戒、动态监测。外围警戒应布置警戒线及标识，警戒区域随泄漏检测数据的改变而变化，警戒区内严禁烟火，采取禁入措施，严禁无关人员入内。

（2）疏散：将所有可能受到威胁的人员疏散转移到安全区域。当需要疏散周边企业人员时，应上报政府单位协调企业进行人员疏散。

（四）泄漏控制

1. 关阀停气

当工业用户用气空间发生燃气泄漏，应首先考虑关闭泄漏管段上、下游阀门控制局面。当出现泄漏区域内存在多条管线情况，关阀应由低向高逐级、逐段关闭。关阀时应对关闭的管段进行压力检测，通过压力检测结果判定泄漏管段的位置，当确定泄漏管段后，进行主动放散泄压修复（调压箱/调压柜放散、阀门放散孔引出放散）。

2. 稀释放散

（1）环境浓度稀释。通过对泄漏区域周边建筑物、管沟、阀井、窨井、检测探孔等采取自然开放通风（如开盖通气）、防爆轴流风机强制通风等方法稀释泄漏的燃气，降低燃气浓度。

（2）管道燃气放散。当确定了泄漏管段，应通过放散装置（如调压箱放散管、由阀门放散孔引出放散管）进行放散，尽量避免泄漏点周围燃气的浓度上升及泄漏范围的扩大。

（五）舆情管控

本着及时发声、消除影响、彰显责任、维护形象等原则，燃气企业应始终做好舆情监控，及时报告情况，做好媒体沟通，加强舆论引导，并及时对外发布相关信息。

（六）应急供气保障

当工业用户属于重点保供单位或停供气将造成用户重大生产损失时，在保证安全的前提下，应启动应急供气保障，减少燃气泄漏及其他事故的影响后果。

（七）事故响应升级

如出现次生或衍生事故导致事态升级、超出本企业应急控制能力、可能波及周边区域时，燃气企业应及时向上级公司请求支援，同时立即报告政府、应急、消防、医疗、交通、相关方等开展联动响应，并协助公安、消防及其他有关部门进行抢救、保护现场和疏散人员。

五、现场抢修

事态得到控制后，实施现场抢修。现场抢修应持续、动态开展风险评估，关注周边燃气浓度变化，控制人员进场，注意抢修作业方式，避免发生次生、衍生事故。

（一）查漏

（1）根据户内外燃气设施分布、管道走向等用气场所实际，结合现场检测、实际勘查的结果情况，初步分析判断泄漏原因和泄漏管段。

（2）工业用户用气空间燃气管道、设备设施可综合运用压力检测、流量监测、燃气浓度检测、循迹检测、分段打压查漏法、添加香味剂颜色剂、排查焊点法等多种方法查找漏点；查漏要注意考虑第二泄漏点。

（二）制定抢修方案

依托现场处置方案，结合现场环境和专家意见，制定抢修实施方案，并进行技术交底。

（三）确认抢修条件

（1）可燃气体浓度确认。

（2）机具配备确认。

（3）抢修材料确认。

（4）人员能力确认。

（5）作业环境确认。

（6）安全防护措施落实确认。

（7）监督、监护、监测人员到位确认。

（8）气源控制情况确认。

（四）实施抢修作业

（1）抢修条件达到要求后，抢修人员按照抢修方案，实施抢修作业。

（2）修复质量验收，包括钢质管道内部质量和外观检查、钢质管道防腐层修复、严密性试验、压力试验等安全测试。

（3）后续监测。24 小时之内对修复泄漏部位进行全面检测，一周之内再次进行复查。

六、恢复供气

应按《城镇燃气设施运行、维护和抢修安全技术规程》（CJJ 51—2016）要求，对受影响场所的燃气设备设施进行安全试验、恢复供气。

恢复供气前，应反馈信息至工业用户，做好用户的有效通知；恢复供气后，应对修复的管道设施和受影响场所的燃气设备设施运行情况进行复查（包括燃气浓度检测、修复部位泄漏检查和受影响燃气设备设施工况排查），确保管道及燃气设备设施运行安全。

1. 恢复供气环节的重点关注事项

（1）不宜于夜间 22:00 至次日凌晨 6:00 实施严密性检测。

（2）应监测周边密闭、半密闭空间、管线井等是否有燃气残留。

（3）提前编制置换方案，并通知到工业用户。

（4）全面检查燃气设施，会同工业用户对用气设施逐台点火复气。

2. 严禁恢复供气的情况

（1）抢修现场曾检测到燃气浓度显示，但没有找到泄漏原因的。

（2）抢修现场发现漏点后，泄漏没有彻底处理或根源没有消除的。

（3）抢修现场燃气浓度仍然超标的。

（4）没有进行置换通气前的安全检查和试验的。

（5）没有通知相关用户的。

七、解除应急

（1）现场维修完毕，经持续监测泄漏区域、部位，确认燃气再无泄漏可能，宣布解除应急状态。

（2）积极配合政府和公安部门做好事故调查及责任认定。

（3）整理应急过程记录。

（4）做好后期的舆情监测和应对，根据需要组织信息发布，说明突发事件处理完毕后的调查结果、采取的措施、善后处理的安排及预防改进措施等。

（5）根据应急职责分配，相关部门负责对总结报告所提出改进措施落实情况进行检查和督办。

第四节　商服用户（含大型商业综合体）餐饮用气空间泄漏

本指导流程适用于用户端商服用户（含大型商业综合体）餐饮用气空间燃气泄漏的应急处置。

用户端商服用户（含大型商业综合体）餐饮用气空间燃气泄漏应急处置流程一般分为接警报告、应急预警、响应启动、事态控制、现场抢修、恢复供气、解除应急 7 个阶段。

一、接警报告

（一）信息接收

燃气企业应设置并对外公布 24 小时报警电话；接警电话要具有录音功能，录音存储时间不少于 30 天；接警岗位要保证 24 小时有人在岗值班。

（二）基本问询

接警人员开展基本问询，并进行事故初期画像，问询内容包括但不限于以下内容。

（1）地点：街区、地标、综合体名称、用户名称、店铺楼层。

（2）身份：报警人姓名、电话、着装标志。

（3）周边环境：气味是否明显、能否听到气流声等用户端泄漏的典型特征。

（4）报警原因：燃气报警器报警、闻到燃气气味、已经发生燃爆、燃气设施故障等。

（三）风险提示

接警人员应对报警人做以下风险提示。

（1）告知报警人燃气易燃易爆的危险特性，现场保持禁火禁电。

（2）告知报警人远离有气味区域接打电话。

（3）指导用户端报警人开窗通风、关阀切断气源。

（4）告知报警人，组织所有人员（包括工作人员与顾客等外来人员）撤离事发店铺至安全区域，视情况通知周边店铺撤离人员，通过安全通道向上风向或开阔地带转移。

（5）如发现已有人员伤亡，在专业指导下救援。

（6）必要时告知报警人实施紧急避险。

（7）告知报警人在抢险人员到达前请求物业单位、街道办事处等协助警戒疏散，进行简单处置。

（四）引导警戒

在征询报警人意愿和能力的前提下，争取报警人协助开展警戒工作，警戒区域不应小于事发用气空间店铺，协助引导机动哨兵快速抵达现场。

（五）信息报送

接警人员在接警全过程中，要及时、准确、完整地记录和整理信息，同级共享和逐级报送，对接警信息进行先期研判，便于快速、准确启动预警及响应。

（1）根据事故性质和严重程度，灵活采用信息系统、电话、呼喊、一键报警等不同方式进行信息传递。

（2）保持与报警人的联系，确保信息的及时更新和有效传递。

二、应急预警

为快速研判事态趋势，及时传递预警信息，开展应急准备，协调调动应急专家、专业队伍和物资装备等应急资源支持，具体开展以下工作。

（一）初步研判

根据事故性质、严重程度、影响范围和可控性，结合预警和响应分级明确的条件，初步研判预警和响应级别。

（二）应急准备

按照初步研判结果，开展应急准备工作。

（1）第一时间派工派警。立即调派周边具备处置能力的机动哨兵快速抵达现场，并向其传递报警地点、报警人、电话、数字地图等派工信息，同步派工派警。

（2）同步应急资源准备。组织企业各相关部门依据预案规定的职责和分工要求开展相应应急资源准备。

（3）必要时应急联动。当初判燃气泄漏并对周边影响较大时，立即报告政府、应急、消防、交通、相关方等开展联动响应。

（三）向政府报告

事发企业应根据法律法规和当地政府规定，同时向当地政府有关部门报告突发事件信息。

（四）预警解除

当符合预警解除条件时，经核实批准后，实施预警解除。

三、响应启动

当在应急预警阶段研判为疑似燃气泄漏或事态可控时，由机动哨兵开展先期处置；当在应急预警阶段研判确认燃气泄漏或事态严重时，应直接启动抢险队伍响应线；当机动哨兵现场确认泄漏严重后，应立即启动抢险队伍响应线。

（一）信息核实

机动哨兵抵达现场后，同报警人快速对以下信息进行核实：是否为燃气泄漏、泄漏具体地点、是否存在燃气窜入周边密闭空间的情况、当前事态、事件原因初判等。

（二）处置警戒

机动哨兵应同步开展周边环境气体检测，一旦确认泄漏情况，在保证自身安全的前提下，采取开窗通风、强制排风、关阀（表前阀、户外调压箱等）控制泄漏、关闭现场电气设备等措施，并动态开展探边、疏散和警戒。当阀门失效无法关闭时，应第一时间请求店铺管理单位、街道办事处、公安、消防等协同进行警戒疏散，必要时关闭该管段上游总阀门。

（三）信息反馈

机动哨兵应持续跟踪周边环境和事态变化，与应急中心保持专线联系，动态反馈现场事态，包括当前事态、先期处置进展、舆情状况等。

四、事态控制

（一）信息确认

应急处置专员抵达现场后，同机动哨兵/报警人快速对接核实和确认信息，并指挥抢险队伍开展检测探边、警戒疏散、泄漏控制、稀释放散等处置工作。

（二）检测探边

（1）现场禁火禁电，开展气体检测，具体包括燃气种类分析检测（使用不同的检测仪器进行对比检测）、燃气浓度检测（包括地上、地下、室内外的空间检测）等。

（2）根据检测结果，查找划定达到燃气爆炸下限 20%（即 1% VOL）的边界和燃气浓度为 0 的边界，具体包括以下内容。

① 地上探边：包括楼道、户内、用气空间、相邻（楼上楼下）店铺、排烟道等区域。

② 地下探边：包括地下室、半地下室等区域。

③ 沟井管道探边：包括上水、下水、暖气、电力、电信等全部阀井、窨井。对发现有燃气浓度的沟井，应沿敷设管线向外扩展探测，查找燃气窜气蔓延的边界。

（三）警戒疏散

（1）依据探边情况，动态调整警戒范围，警戒的内容应包括阻拦无关人员进入危险区域、实时监测警戒线处的监测数据、监护危险区域内的作业人员等。设置以下区域。

① 高风险区域：以可燃气体浓度达到爆炸下限的 20%（1% VOL）为边界划定区域，应布置警戒线及警示标识、实施燃气浓度检测监控等安全措施。

② 人员疏散区域：现场用气区域空间或已发生火灾燃爆的区域无条件全员撤离。在燃气爆炸波及范围以外的区域应实行外围警戒、动态监测。警戒区域应随时根据燃气浓度动态调整，外围警戒应布置警戒线及标识，采取禁入措施。

当泄漏影响公共交通道路时，应划定警戒区域，并实行交通管制。

（2）商业用户疏散应综合考虑事件影响范围、现场疏散条件、疏散群体特质和数量等信息，由现场指挥员综合研判后，下达疏散指令，组织疏散。

① 危险区域内的撤人疏散工作，应检查所有商户及邻近居民楼栋内是否有伤亡人员。疏散时要在适当位置粘贴标识，做好记录，以免重复工作或出现遗漏。疏散任务完成后，应定时对建筑物内燃气浓度进行检测监控。

② 撤人疏散时应告知属地派出所或社区人员事态严重程度，并申请给予协助，做好宣传，逐户通知，告知不能在警戒区域内滞留，填写现场疏散登记表。

（3）在政府部门接管现场时，应按政府部门要求配合工作，提供专业性意见，进行警戒疏散。

（四）泄漏控制

1. 关阀停气

当发生燃气泄漏时，应立即关闭调压箱（柜）阀门，必要时关闭上下游总阀，控制燃气泄漏，派专人进行阀门监控，避免无关人员触动。

2. 稀释放散

（1）环境浓度稀释。通过对泄漏用户周边建筑物、管沟、阀井、窨井、排烟道等采取自然开放通风（如开窗对流、开盖通气）、防爆轴流风机强制通风等方法稀释泄漏的燃气，降低燃气浓度。

（2）管道燃气放散。应通过在固定放散装置（如调压箱放散管、由阀门放散孔引出放散管）对泄漏管段进行放散，尽量避免泄漏点周围燃气的浓度上升及泄漏范围的扩大。

（五）舆情管控

本着及时发声、消除影响、彰显责任、维护形象等原则，燃气企业应始终做好舆情监控，及时报告情况，做好媒体沟通，加强舆论引导，并及时对外发布相关信息。

（六）应急供气保障

当突发事件对供气造成影响时，在保证安全的前提下，应启动应急供气保障，减少燃气泄漏及其他事故的影响范围和后果。

（七）事故响应升级

如出现次生或衍生事故导致事态升级、超出本企业应急控制能力、可能波及周边区域时，燃气企业应及时向上级公司请求支援，同时立即报告政府、应急、消防、交通、相关方等开展联动响应。

五、现场抢修

事态得到控制后，实施现场抢修。现场抢修应持续、动态开展风险评估，关注周边燃气浓度变化，控制人员进场，注意抢修作业方式，避免发生次生、衍生事故。

（一）查漏

（1）根据户内外燃气设施分布、管道走向等各类场所实际，结合现场检测、实际勘查的结果情况，初步分析判断泄漏原因和泄漏管段。

（2）可综合运用压力检测、流量监测、燃气浓度检测、循迹检测、分段打压查漏法、添加香味剂颜色剂、排查焊点法等多种方法查找漏点；查漏要注意考虑第二泄漏点。

（3）根据用户用气实际，对各类灶具、烤箱、蒸箱等用气端进行检查，包括燃气管段、接口、燃气设备内部全面查漏。

（二）制定抢修方案

依托现场处置方案，结合现场环境和专家意见，制定抢修实施方案，并进行技术交底。

（三）确认抢修条件

（1）可燃气体浓度确认。

（2）机具配备确认。

（3）人员能力确认。

（4）作业环境确认（现场禁火禁电、所有用气设施内放散完成无余气）。

（5）安全防护措施落实确认。

（6）监督、监护、监测人员到位确认。

（7）气源控制情况确认。

（8）现场疏散确认（警戒范围内无抢修人员以外的人员）。

（9）抢修材料确认。

（四）实施抢修作业

（1）抢修条件达到要求后，抢修人员按照抢修方案，实施抢修作业。

（2）修复质量验收，包括严密性试验、压力试验、钢管管道内部质量和外观检查、钢质管道防腐层修复等安全测试。

（3）后续监测。24 小时之内对修复泄漏部位进行全面检测，一周之内再次进行复查。

六、恢复供气

应按《城镇燃气设施运行、维护和抢修安全技术规程》（CJJ 51—2016）要求，对受影响场所的燃气设备设施进行安全试验、恢复供气。

1. 恢复供气环节的重点关注事项

（1）不宜于夜间 22:00 至次日凌晨 6:00 实施严密性检测。

（2）管网端应持续检测周边沟井涵渠等密闭、半密闭空间是否有燃气残留。

（3）提前编制置换方案，并通知相关用户。

（4）全面检查燃气设施，对停气用户逐户点火复气。

2. 严禁恢复供气的情况

（1）抢修现场曾检测到燃气浓度显示，但没有找到泄漏原因的。

（2）抢修现场发现漏点后，泄漏没有彻底处理或根源没有消除的。

（3）抢修现场燃气浓度仍然超标的。

（4）没有进行置换通气前的安全检查和试验的。

（5）没有通知相关用户的。

（6）报警装置配置不足的、失效的，排风设施失效的。

（7）燃烧器具过期的、损坏仍然使用的、连接软管过期的。

（8）表具、管道暗封暗埋、预留口未封堵、未做防腐的。

（9）其他重大安全隐患未整改完成的。

（10）主管部门下达通知的。

七、解除应急

（1）现场维修完毕，经持续监测泄漏区域、部位，确认燃气再无泄漏可能，宣布解除应急状态。

（2）积极配合政府和公安部门做好事故调查及责任认定。

（3）整理应急过程记录。

（4）做好后期的舆情监测和应对，根据需要组织信息发布，说明突发事件处理完毕后的调查结果、采取的措施、善后处理的安排及预防改进措施等。

（5）根据应急职责分配，相关部门负责对总结报告所提出改进措施落实情况进行检查和督办。

第五节　商服用户（含大型商业综合体）公共活动空间泄漏

本指导流程适用于用户端商服用户（含大型商业综合体）公共活动空间燃气泄漏的应急处置。

用户端商服用户（含大型商业综合体）公共活动空间燃气泄漏应急处置流程一般分为接警报告、应急预警、响应启动、事态控制、现场抢修、恢复供气、解除应急 7 个阶段。

一、接警报告

（一）信息接收

燃气企业应设置并对外公布 24 小时报警电话；接警电话要具有录音功能，录音存储时间不少于 30 天；接警岗位要保证 24 小时有人在岗值班。

（二）基本问询

接警人员开展基本问询，并进行事故初期画像，问询内容包括但不限于以下内容。

（1）地点：街区、地标、综合体名称、用户名称、店铺楼层。

（2）身份：报警人姓名、电话、着装标志、职业身份。

（3）周边环境：气味是否明显、能否听到气流声等用户端泄漏的典型特征。

（三）风险提示

接警人员应对报警人做以下风险提示。

（1）告知报警人燃气易燃易爆的危险特性，现场保持禁火禁电。

（2）告知报警人远离有气味区域接打电话。

（3）指导用户端报警人开窗通风、关阀切断气源。

（4）告知报警人撤离室内、商场、狭小街道、楼道等空气不易流动的空间至安全区域，向上风向转移。

（5）如发现已有人员伤亡，在专业指导下救援。

（6）必要时告知报警人实施紧急避险。

（7）告知报警人在抢险人员到达前请求物业单位、街道办事处等协助警戒疏散，进行简单处置。

（四）引导警戒

在征询报警人意愿和能力的前提下，争取报警人协助开展警戒工作，警戒区域应包含燃气可能泄漏的室内空间或半空间，协助引导机动哨兵快速抵达现场。

（五）信息报送

接警人员在接警全过程中，要及时、准确、完整地记录和整理信息，同级共享和逐级报送，对接警信息进行先期研判，便于快速、准确启动预警及响应。

（1）根据事故性质和严重程度，灵活采用信息系统、电话、呼喊、一键报警等不同方式进行信息传递。

（2）保持与报警人的联系，确保信息的及时更新和有效传递。

二、应急预警

为快速研判事态趋势，及时传递预警信息，开展应急准备，协调调动应急专家、专业队伍和物资装备等应急资源支持，具体开展以下工作。

（一）初步研判

根据事故性质、严重程度、影响范围和可控性，结合预警和响应分级明确的条件，初步研判预警和响应级别。

（二）应急准备

按照初步研判结果，开展应急准备工作。

（1）第一时间派工派警。立即调派周边具备处置能力的机动哨兵快速抵达现场，并向其传递报警地点、报警人、电话、数字地图等派工信息，同步派工派警。

（2）同步应急资源准备。组织企业各相关部门依据预案规定的职责和分工要求开展相应应急资源准备。

（3）必要时应急联动。当初判燃气泄漏并对周边影响较大时，立即报告政府、应急、消防、交通、相关方等开展联动响应。

（三）向政府报告

事发企业应根据法律法规和当地政府规定，同时向当地政府有关部门报告突发事件信息。

（四）预警解除

当符合预警解除条件时，经核实批准后，实施预警解除。

三、响应启动

当在应急预警阶段研判为疑似燃气泄漏或事态可控时，由机动哨兵开展先期处置；当在应急预警阶段研判确认燃气泄漏或事态严重时，应直接启动抢险队伍响应线；当机动哨兵现场确认泄漏严重后，应立即启动抢险队伍响应线。

（一）信息核实

机动哨兵抵达现场后，同报警人快速对以下信息进行核实：是否为燃气泄漏、泄漏具体位置、是否存在燃气窜入周边密闭空间的情况、当前事态、事件原因初判等。当现场无报警人时，应根据派工派警指令对现场进行核实，进行事故再次画像。

（二）处置警戒

机动哨兵应同步开展周边环境气体检测，一旦确认泄漏情况，在保证自身安全的前提下，采取开窗通风、关阀（表前阀、户外调压箱）、控制警戒范围内用火用电、限制人员出入、向周边发出泄漏警告等控制泄漏等措施，并动态开展探边、疏散和警戒。

（三）信息反馈

机动哨兵应持续跟踪周边环境和事态变化，与应急中心保持专线联系，动态反馈现场事态，包括当前事态、先期处置进展、舆情状况等。

四、事态控制

（一）信息确认

应急处置专员抵达现场后，同机动哨兵/报警人快速对接核实和确认信息，并指挥抢险队伍开展检测探边、警戒疏散、泄漏控制、稀释放散等处置工作。

（二）检测探边

（1）现场禁火禁电，开展气体检测，具体包括燃气种类分析检测（使用不同的检测仪器进行对比检测)、燃气浓度检测(包括地上、地下、室内外的空间检测)等。

(2)根据检测结果，查找划定达到燃气爆炸下限20%(即1% VOL)的边界和燃气浓度为0的边界，具体包括以下内容。

① 地上探边：包括楼道、户内、室内外、泄漏区域涉及店铺、泄漏区域密闭半密闭空间等区域。

② 地下探边：包括地下室、半地下室等区域。

③ 沟井管道探边：包括上水、下水、暖气、电力、电信等全部阀井、窨井。对发现有燃气浓度的沟井，应沿敷设管线向外扩展探测，查找燃气窜气蔓延的边界。

(三) 警戒疏散

(1)依据探边情况，动态调整警戒范围，警戒的内容应包括阻拦无关人员进入危险区域、实时监测警戒线处的监测数据、监护危险区域内的作业人员等。设置以下区域。

① 高风险区域：以可燃气体浓度达到爆炸下限20%(1% VOL)为边界划定区域，应布置警戒线及警示标识、实施燃气浓度检测监控等安全措施。

② 人员疏散区域：现场用气区域空间或已发生火灾燃爆的区域无条件全员撤离。在燃气爆炸波及范围以外的区域应实行外围警戒、动态监测。警戒区域应随时根据燃气浓度动态调整，外围警戒应布置警戒线及标识，采取禁入措施。

当泄漏影响公共交通道路时，应划定警戒区域，并实行交通管制。

(2)商业用户疏散应综合考虑事件影响范围、现场疏散条件、疏散群体特质和数量等信息，由现场指挥员综合研判后，下达疏散指令，组织疏散。

① 危险区域内的撤人疏散工作，应检查所有商户及邻近居民楼栋内是否有伤亡人员。疏散时要在适当位置粘贴标识，做好记录，以免重复工作或出现遗漏。疏散任务完成后，应定时对建筑物内燃气浓度进行检测监控。

② 撤人疏散时应告知属地派出所或社区人员事态严重程度，并申请给予协助，做好宣传，逐户通知，告知不能在警戒区域内滞留，填写现场疏散登记表。

(3)在政府部门接管现场时，应按政府部门要求配合工作，提供专业性意见，进行警戒疏散。

(四) 泄漏控制

1. 关阀停气

当发生燃气泄漏时，应立即关闭调压箱(柜)阀门，必要时关闭涉及区域的管网上下游总阀，控制燃气泄漏，派专人进行阀门监控，避免无关人员触动。

2. 稀释放散

（1）环境浓度稀释。通过对泄漏用户周边建筑物、管沟、阀井、窨井、空气不流动空间等采取自然开放通风（如开窗对流、开盖通气）、防爆轴流风机强制通风等方法稀释泄漏的燃气，降低燃气浓度。

（2）管道燃气放散。当确定了泄漏管段，应通过放散装置（如调压箱放散管、由阀门放散孔引出放散管）进行放散，尽量避免泄漏点周围燃气的浓度上升及泄漏范围的扩大。

（五）舆情管控

本着及时发声、消除影响、彰显责任、维护形象等原则，燃气企业应始终做好舆情监控，及时报告情况，做好媒体沟通，加强舆论引导，并及时对外发布相关信息。

（六）应急供气保障

当突发事件对供气造成影响时，在保证安全的前提下，应启动应急供气保障，减少燃气泄漏及其他事故的影响范围和后果。

（七）事故响应升级

如出现次生或衍生事故导致事态升级、超出本企业应急控制能力、可能波及周边区域时，燃气企业应及时向上级公司请求支援，同时立即报告政府、应急、消防、交通、相关方等开展联动响应。

五、现场抢修

事态得到控制后，实施现场抢修。现场抢修应持续、动态开展风险评估，关注周边燃气浓度变化，控制人员进场，注意抢修作业方式，避免发生次生、衍生事故。如涉及地下燃气设施抢修，应根据现场情况设置隔离沟。

（一）查漏

（1）根据户内外燃气设施分布、管道走向等各类场所实际，结合现场检测、实际勘查的结果情况，初步分析判断泄漏原因和泄漏管段。

（2）可综合运用压力检测、流量监测、燃气浓度检测、中心区域钻孔取样检测、循迹检测、观察土壤变化、分段打压查漏法、挖探坑查漏法、探坑注水查漏法、添加香味剂颜色剂、排查焊点法等多种方法查找漏点；查漏要注意考虑第二泄漏点。

（3）对燃气浓度较高的积聚区域可能存在的漏点逐一进行排查。

（二）制定抢修方案

依托现场处置方案，结合现场环境和专家意见，制定抢修实施方案，并进行技术交底。

（三）确认抢修条件

（1）可燃气体浓度确认。

（2）机具配备确认。

（3）人员能力确认。

（4）作业环境确认。

（5）安全防护措施落实确认。

（6）监督、监护、监测人员到位确认。

（7）气源控制情况确认。

（8）漏点确认（数量、部位）。

（9）现场疏散情况确认（警戒范围内无抢修人员以外的人员）。

（10）抢修材料确认。

（四）实施抢修作业

（1）抢修条件达到要求后，抢修人员按照抢修方案，实施抢修作业。

（2）修复质量验收，包括严密性试验、压力试验、钢管管道内部质量和外观检查、钢质管道防腐层修复等安全测试。

（3）后续监测。24 小时之内对修复泄漏部位进行全面检测，一周之内再次进行复查。

（五）污染物处置

抢修作业完成后，按要求对污染物进行处置。

六、恢复供气

应按《城镇燃气设施运行、维护和抢修安全技术规程》（CJJ 51—2016）要求，对受影响场所的燃气设备设施进行安全试验、恢复供气。

1. 恢复供气环节的重点关注事项

（1）不宜于夜间22:00至次日凌晨6:00实施严密性检测。

（2）管网端应持续检测周边沟井涵渠等密闭、半密闭空间是否有燃气残留。

（3）提前编制置换方案，并通知相关用户。

（4）全面检查燃气设施，对停气用户逐户点火复气。

2. 严禁恢复供气的情况

（1）抢修现场曾检测到燃气浓度显示，但没有找到泄漏原因的。

（2）抢修现场发现漏点后，泄漏没有彻底处理或根源没有消除的。

（3）抢修现场燃气浓度仍然超标的。

（4）没有进行置换通气前的安全检查和试验的。

（5）没有通知相关用户的。

（6）现场燃气使用场所或燃气设施存在安全隐患的。

（7）人员密集场所无燃气泄漏应对措施的，包括燃气公司泄漏应对措施、场所管理单位泄漏应对措施等。

七、解除应急

（1）现场维修完毕，经持续监测泄漏区域、部位，确认燃气再无泄漏可能，宣布解除应急状态。

（2）积极配合政府和公安部门做好事故调查及责任认定。

（3）整理应急过程记录。

（4）做好后期的舆情监测和应对，根据需要组织信息发布，说明突发事件处理完毕后的调查结果、采取的措施、善后处理的安排及预防改进措施等。

（5）根据应急职责分配，相关部门负责对总结报告所提出改进措施落实情况进行检查和督办。

第六节　商服用户（含大型商业综合体）锅炉用气空间泄漏

本指导流程适用于用户端商服用户（含大型商业综合体）锅炉用气空间燃气泄漏的应急处置。

用户端商服用户（含大型商业综合体）锅炉用气空间燃气泄漏应急处置流程一般分为接警报告、应急预警、响应启动、事态控制、现场抢修、恢复供气、解除应急 7 个阶段。

一、接警报告

（一）信息接收

燃气企业应设置并对外公布 24 小时报警电话；接警电话要具有录音功能，录音存储时间不少于 30 天；接警岗位要保证 24 小时有人在岗值班。

（二）基本问询

接警人员开展基本问询，并进行事故初期画像，问询内容包括但不限于以下内容。

（1）地点：街区、地标、综合体名称、用户名称、店铺楼层。

（2）身份：报警人姓名、电话、着装标志、职业身份。

（3）周边环境：气味是否明显、能否听到气流声等用户端泄漏的典型特征。

（4）报警原因：燃气报警器报警、闻到燃气气味、已经发生燃爆、燃气设施故障等。

（三）风险提示

接警人应对报警人做以下风险提示。

（1）告知报警人燃气易燃易爆的危险特性，现场保持禁火禁电。

（2）告知报警人远离有气味区域接打电话。

（3）指导用户端报警人开窗通风、关阀切断气源。

（4）告知报警人撤离锅炉房等密闭半密闭空间至安全区域，向开阔地带的上风向转移。

（5）如发现已有人员伤亡，在专业指导下救援。

（6）必要时告知报警人实施紧急避险。

（7）告知报警人在抢险人员到达前疏散锅炉房区域及周边受影响区域的人员。

（四）引导警戒

在征询报警人意愿和能力的前提下，争取报警人协助开展警戒工作。警戒区域应包含燃气泄漏的锅炉使用空间及影响区域，协助引导机动哨兵快速抵达现场。

（五）信息报送

接警人员在接警全过程中，要及时、准确、完整地记录和整理信息，同级共享和逐级报送，对接警信息进行先期研判，便于快速、准确启动预警及响应。

（1）根据事故性质和严重程度，灵活采用信息系统、电话、呼喊、一键报警等不同方式进行信息传递。

（2）保持与报警人的联系，确保信息的及时更新和有效传递。

二、应急预警

为快速研判事态趋势，及时传递预警信息，开展应急准备，协调调动应急专家、专业队伍和物资装备等应急资源支持，具体开展以下工作。

（一）初步研判

根据事故性质、严重程度、影响范围和可控性，结合预警和响应分级明确的条件，初步研判预警和响应级别。

（二）应急准备

按照初步研判结果，开展应急准备工作。

（1）第一时间派工派警。立即调派周边具备处置能力的机动哨兵快速抵达现场，并向其传递报警地点、报警人、电话、数字地图等派工信息，同步派工派警。

（2）同步应急资源准备。组织企业各相关部门依据预案规定的职责和分工要求开展相应应急资源准备。

（3）必要时应急联动。当初判燃气泄漏并对周边影响较大时，立即报告政府、应急、消防、交通、相关方等开展联动响应。

（三）向政府报告

事发企业应根据法律法规和当地政府规定，同时向当地政府有关部门报告突发事件信息。

（四）预警解除

当符合预警解除条件时，经核实批准后，实施预警解除。

三、响应启动

当在应急预警阶段研判为疑似燃气泄漏或事态可控时，由机动哨兵开展先期处置；当在应急预警阶段研判确认燃气泄漏或事态严重时，应直接启动抢险队伍响应线；当机动哨兵现场确认泄漏严重后，应立即启动抢险队伍响应线。

（一）信息核实

机动哨兵抵达现场后，同报警人快速对以下信息进行核实：是否为燃气泄漏、泄漏具体位置、是否存在燃气窜入周边密闭空间的情况、当前事态、事件原因初判等。

（二）处置警戒

机动哨兵应同步开展周边环境气体检测，一旦确认泄漏情况，在保证自身安全的前提下，采取开窗通风、关阀（表前阀、户外调压箱、关闭运行锅炉、强制通风、关闭运行电气设备等）控制泄漏等措施，并动态开展探边、疏散和警戒。

（三）信息反馈

机动哨兵应持续跟踪周边环境和事态变化，与应急中心保持专线联系，动态反馈现场事态，包括当前事态、先期处置进展、舆情状况等。

四、事态控制

（一）信息确认

应急处置专员抵达现场后，同机动哨兵/报警人快速对接核实和确认信息，并指挥抢险队伍开展检测探边、警戒疏散、泄漏控制、稀释放散等处置工作。

（二）检测探边

（1）现场禁火禁电，开展气体检测，具体包括燃气种类分析检测（使用不同的检测仪器进行对比检测）、燃气浓度检测（包括地上、地下、室内外的空间检测）等。

（2）根据检测结果，查找划定达到燃气爆炸下限20%（即1% VOL）的边界和燃气浓度为0的边界，具体包括以下内容。

① 地上探边：包括楼道、锅炉房、排烟道、相连室内等区域。

② 地下探边：包括地下室、半地下室等区域。

③ 沟井管道探边：包括上水、下水、暖气、电力、电信等全部阀井、窨井。对发现有燃气浓度的沟井，应沿敷设管线向外扩展探测，查找燃气窜气蔓延的边界。

（三）警戒疏散

（1）依据探边情况，动态调整警戒范围，警戒的内容应包括阻拦无关人员进入危险区域、实时监测警戒线处的监测数据、监护危险区域内的作业人员等。设置以下区域。

① 高风险区域：以可燃气体浓度达到爆炸下限的20%（1% VOL）为边界划定区域，应布置警戒线及警示标识、实施燃气浓度检测监控等安全措施。

② 人员疏散区域：锅炉房内及影响区域，在燃气爆炸波及范围以外的区域应实行外围警戒、动态监测。警戒区域应随时根据燃气浓度动态调整，外围警戒应布置警戒线及标识，采取禁入措施。当泄漏影响公共交通道路时，应划定警戒区域，并实行交通管制。

（2）危险区域内的撤人疏散工作，应检查所有商户及邻近居民楼栋内是否有伤亡人员。疏散时要在适当位置粘贴标识，做好记录，以免重复工作或出现遗漏。疏散任务完成后，应定时对建筑物内燃气浓度进行检测监控。

（3）撤人疏散时应告知属地派出所或社区人员事态严重程度，并申请给予协助，做好宣传，逐户通知，告知不能在警戒区域内滞留，填写现场疏散登记表。

（4）锅炉主管部门组织人员通过安全通道撤离，由锅炉操作人员操作停炉、关闭电器。

（四）泄漏控制

1. 关阀停气

当发生燃气泄漏时，应立即关闭调压箱（柜）阀门，必要时关闭锅炉供气管道上下游阀门，控制燃气泄漏，派专人进行阀门监控，避免无关人员触动。

2. 稀释放散

（1）环境浓度稀释。通过对泄漏用户周边建筑物、管沟、阀井、窨井等采取自然开放通风（如开窗对流、开盖通气）、防爆轴流风机强制通风等方法稀释泄漏的燃气，降低燃气浓度。

（2）管道燃气放散。应通过放散装置（如调压箱放散管、由阀门放散孔引出放散管）对泄漏管段进行放散，尽量避免泄漏点周围燃气的浓度上升及泄漏范围的扩大。

（五）舆情管控

本着及时发声、消除影响、彰显责任、维护形象等原则，燃气企业应始终做好舆情监控，及时报告情况，做好媒体沟通，加强舆论引导，并及时对外发布相关信息。

（六）应急供气保障

当突发事件对供气造成影响时，在保证安全的前提下，应启动应急供气保障，减少燃气泄漏及其他事故的影响范围和后果。

（七）事故响应升级

如出现次生或衍生事故导致事态升级、超出本企业应急控制能力、可能波及周边区域时，燃气企业应及时向上级公司请求支援，同时立即报告政府、应急、消防、交通、相关方等开展联动响应。

五、现场抢修

事态得到控制后，实施现场抢修。现场抢修应持续、动态开展风险评估，关注周边燃气浓度变化，控制人员进场，注意抢修作业方式，避免发生次生、衍生事故。

（一）查漏

（1）根据户内外燃气设施分布、管道走向等各类场所实际，结合现场检测、实际勘查的结果情况，初步分析判断泄漏原因和泄漏管段。

（2）可综合运用压力检测、流量监测、燃气浓度检测、循迹检测、分段打压查漏法、添加香味剂颜色剂、排查焊点法等多种方法查找漏点；查漏要注意考虑第二泄漏点。

（3）逐一排查锅炉供气管道阀门、管道接口。

（二）制定抢修方案

依托现场处置方案，结合现场环境和专家意见，制定抢修实施方案，并进行技术交底。

（三）确认抢修条件

（1）可燃气体浓度确认。

（2）机具配备确认。

（3）人员能力确认。

（4）作业环境确认。

（5）安全防护措施落实确认。

（6）监督、监护、监测人员到位确认。

（7）气源控制情况确认。

（8）锅炉设备及电气设备关闭确认。

（9）锅炉设备影响区域疏散情况确认。

（10）抢修材料确认。

（四）实施抢修作业

（1）抢修条件达到要求后，抢修人员按照抢修方案，实施抢修作业。

（2）修复质量验收，包括严密性试验、压力试验、钢管管道内部质量和外观检查、钢质管道防腐层修复等安全测试。

（3）后续监测。24 小时之内对修复泄漏部位进行全面检测，一周之内再次进行复查。

六、恢复供气

应按《城镇燃气设施运行、维护和抢修安全技术规程》（CJJ 51—2016）要求，对受影响场所的燃气设备设施进行安全试验、恢复供气。

1. 恢复供气环节的重点关注事项

（1）不宜于夜间 22:00 至次日凌晨 6:00 实施严密性检测。

（2）管网端应持续检测周边沟井涵渠等密闭、半密闭空间是否有燃气残留。

（3）提前编制置换方案，并通知相关用户。

（4）全面检查燃气设施。

2. 严禁恢复供气的情况

（1）抢修现场曾检测到燃气浓度显示，但没有找到泄漏原因的。

（2）抢修现场发现漏点后，泄漏没有彻底处理或根源没有消除的。

（3）抢修现场燃气浓度仍然超标的。

（4）没有进行置换通气前的安全检查和试验的。

（5）没有通知相关用户的。

（6）报警装置配置不足的、失效的，排风设施失效的。

（7）现场存在燃气重大隐患的。

七、解除应急

（1）现场维修完毕，经持续监测泄漏区域、部位，确认燃气再无泄漏可能，宣布解除应急状态。

（2）积极配合政府和公安部门做好事故调查及责任认定。

（3）整理应急过程记录。

（4）做好后期的舆情监测和应对，根据需要组织信息发布，说明突发事件处理完毕后的调查结果、采取的措施、善后处理的安排及预防改进措施等。

（5）根据应急职责分配，相关部门负责对总结报告所提出改进措施落实情况进行检查和督办。

第七节　居民（含农村）用户户内泄漏

本指导流程适用于用户端居民（含农村用户）户内燃气泄漏的应急处置。

用户端居民（含农村用户）户内燃气泄漏应急处置流程一般分为接警报告、应急预警、响应启动、事态控制、现场抢修、恢复供气、解除应急 7 个阶段。

一、接警报告

（一）信息接收

燃气企业应设置并对外公布 24 小时报警电话；接警电话要具有录音功能，录音存储时间不少于 30 天；接警岗位要保证 24 小时有人在岗值班。

（二）基本问询

接警人员开展基本问询，并进行事故初期画像，问询内容包括但不限于以下内容。

（1）地点：街区、地标、周边燃气设施、标识。

（2）身份：报警人姓名、电话、着装标志、职业身份。

（3）周边环境：气味是否明显、能否听到气流声等用户端泄漏的典型特征。

（三）风险提示

接警人员应对报警人做以下风险提示。

（1）告知报警人燃气易燃易爆的危险特性，现场保持禁火禁电。

（2）告知报警人远离有气味区域接打电话。

（3）指导用户端报警人开窗通风、关阀切断气源。

（4）告知报警人撤离至安全区域，向上风向转移。

（5）如发现已有人员伤亡，在专业指导下救援。

（6）必要时告知报警人实施紧急避险，不得乘坐电梯、接触周边电气设备。

（四）引导警戒

在征询报警人意愿和能力的前提下，争取报警人协助开展初步安全警戒工作，警戒区域内严禁一切车辆及人员进入，禁火、断电。告知报警人在楼下等待，协助引导机动哨兵快速抵达现场。

（五）信息报送

接警人员在接警全过程中，要及时、准确、完整地记录和整理信息，同级共享和逐级报送，对接警信息进行先期研判，便于快速、准确启动预警及响应。

（1）根据事故性质和严重程度，灵活采用信息系统、电话、呼喊、一键报警等不同方式进行信息传递。

（2）保持与报警人的联系，确保信息及时更新和有效传递。

二、应急预警

为快速研判事态趋势，及时传递预警信息，开展应急准备，协调调动应急专家、专业队伍和物资装备等应急资源支持，具体开展以下工作。

（一）初步研判

根据事故性质、严重程度、影响范围和可控性，结合预警和响应分级明确的条件，初步研判预警和响应级别。

（二）应急准备

按照初步研判结果，开展应急准备工作。

（1）第一时间派工派警。立即调派周边具备处置能力的机动哨兵快速抵达现场，并向其传递报警地点、报警人、电话、数字地图等派工信息，同步派工派警。

（2）同步应急资源准备。组织企业各相关部门依据预案规定的职责和分工要求开展相应应急资源准备。

（3）必要时应急联动。当初判燃气泄漏并对周边影响较大时，立即报告政府、应急、消防、交通、相关方等开展联动响应。

（三）向政府报告

事发企业应根据法律法规和当地政府规定，同时向当地政府有关部门报告突发事件信息。

（四）预警解除

当符合预警解除条件时，经核实批准后，实施预警解除。

三、响应启动

当在应急预警阶段研判为疑似燃气泄漏或事态可控时，由机动哨兵开展先期处置；当在应急预警阶段研判确认燃气泄漏或事态严重时，应直接启动抢险队伍响应线；当机动哨兵现场确认泄漏严重后，应立即启动抢险队伍响应线。

（一）信息核实

机动哨兵抵达现场后，同报警人快速对以下信息进行核实：是否为燃气泄漏、泄漏具体地点、是否存在燃气窜入周边密闭空间的情况、当前事态、事件原因初判等。

（二）处置警戒

机动哨兵应同步开展周边环境气体检测，一旦确认泄漏情况，在保证自身安全的前提下，开窗通风，关闭设备（城镇用户关闭表前阀）进行维修；关闭无效的，关闭户外立管阀、调压箱阀等上游气源阀门。同时，需动态开展探边、疏散和警戒。

（三）信息反馈

机动哨兵应持续跟踪周边环境和事态变化，与应急中心保持专线联系，动态反馈现场事态，包括当前事态、先期处理进展、舆情状况等。

四、事态控制

（一）信息确认

应急处置专员抵达现场后，同机动哨兵/报警人快速对接核实和确认信息，并指挥抢险队伍开展检测探边、警戒疏散、泄漏控制、稀释放散等处置工作。

（二）检测探边

（1）现场禁火禁电，开展气体检测，具体包括燃气种类分析检测（使用不同的检测仪器进行对比检测）、燃气浓度检测（包括地上、地下、室内外的空间检测）等。

（2）根据检测结果，查找划定达到燃气爆炸下限 20%（即 1% VOL）的边界和燃气浓度为 0 的边界，具体包括以下内容。

① 地上探边：包括楼道、电梯井、电线电缆井、设备间、户内等区域。

② 地下探边：包括地下室、半地下室、车库等区域。

③ 沟井管道探边：包括上水、下水、暖气、电力、电信等全部阀井、窨

井等。

（三）警戒疏散

1. 警戒

依据探边情况，动态调整警戒范围，警戒的内容应包括阻拦无关人员进入危险区域、实时监测警戒线处的监测数据、监护危险区域内的作业人员等。设置以下区域。

（1）高风险区域：以可燃气体浓度达到爆炸下限20%（1% VOL）为边界划定区域，应布置警戒线及警示标识、实施燃气浓度检测监控等安全措施。

（2）人员疏散区域：在燃气爆炸波及范围以外实行外围警戒、动态监测。外围警戒应布置警戒线及标识，采取禁入措施。

当泄漏影响公共交通道路时，应划定警戒区域，并实行交通管制。

2. 疏散

（1）当检测到燃气未扩散到泄漏户以外区域，要疏散泄漏户所在单元的人员；当检测到燃气扩散到楼道、电梯井等泄漏户以外区域时，要疏散泄漏户整栋楼的人员。

（2）撤人疏散时，应检查所有住户、单元是否有伤亡人员。疏散时要在适当位置粘贴标识，做好记录，以免重复工作或出现遗漏。疏散任务完成后，应定时对建筑物内燃气浓度进行检测监控。

（3）撤人疏散时应告知属地派出所或社区人员事态严重程度，并申请给予协助，做好宣传，逐户通知，告知不能在警戒区域内滞留，填写现场疏散登记表，室内检测记录，请被疏散居民签字。

（4）在政府部门接管现场时，应按政府部门要求配合工作，提供专业性意见，进行警戒疏散。

（四）舆情管控

本着及时发声、消除影响、彰显责任、维护形象等原则，燃气企业应始终做好舆情监控，及时报告情况，做好媒体沟通，加强舆论引导，并及时对外发布相关信息。

（五）应急供气保障

协调地方政府配合做好停气用户的解释工作，如涉及不可中断用户，应注意启动应急供气保障。

（六）事故响应升级

如出现次生或衍生事故导致事态升级、超出本企业应急控制能力、可能波及周边区域时，燃气企业应及时向上级公司请求支援，同时立即报告政府、应急、消防、交通、相关方等开展联动响应。

五、现场抢修

事态得到控制后，实施现场抢修。现场抢修应持续、动态开展风险评估，关注周边燃气浓度变化，控制人员进场，注意抢修作业方式，避免发生次生、衍生事故。

（一）查漏

用户端可运用肥皂水查漏、燃气浓度检测、分段打压查漏法等方法查找漏点，查漏时要注意考虑第二泄漏点。

（二）制定抢修方案

依托现场处置方案，结合现场环境和专家意见，制定抢修实施方案，并进行技术交底。

（三）确认抢修条件

（1）可燃气体浓度确认。

（2）机具配备确认。

（3）人员能力确认。

（4）作业环境确认。

（5）安全防护措施落实确认。

（6）监督、监护、监测人员到位确认。

（四）实施抢修作业

（1）抢修条件达到要求后，抢修人员按照抢修方案，实施抢修作业。

（2）修复质量验收，包括严密性试验、压力试验等安全测试。

（3）后续监测。24 小时之内对修复泄漏部位进行全面检测，一周之内再次进行复查。

六、恢复供气

应按《城镇燃气设施运行、维护和抢修安全技术规程》（CJJ 51—2016）要求，对受影响场所的燃气设备设施进行安全试验、恢复供气。

1. 恢复供气环节的重点关注事项

（1）不宜于夜间 22:00 至次日凌晨 6:00 实施严密性检测。

（2）管网端应持续检测周边沟井涵渠等密闭、半密闭空间是否有燃气残留。

（3）提前编制置换方案，并通知相关用户。

（4）全面检查燃气设施，对停气用户逐户点火复气。

2. 严禁恢复供气的情况

（1）抢修现场曾检测到燃气浓度显示，但没有找到泄漏原因的。

（2）抢修现场发现漏点后，泄漏没有彻底处理或根源没有消除的。

（3）抢修现场燃气浓度仍然超标的。

（4）没有进行置换通气前的安全检查和试验的。

（5）没有通知相关用户的。

（6）燃烧器具过期的、损坏仍然使用的、连接软管过期的。

（7）其他重大安全隐患未整改完成的。

（8）主管部门下达通知的。

七、解除应急

（1）现场维修完毕，经持续监测泄漏区域、部位，确认燃气再无泄漏可能，宣布解除应急状态。

（2）积极配合政府和公安部门做好事故调查及责任认定。

（3）整理应急过程记录。

（4）做好后期的舆情监测和应对，根据需要组织信息发布，说明突发事件处理完毕后的调查结果、采取的措施、善后处理的安排及预防改进措施等。

（5）根据应急职责分配，相关部门负责对总结报告所提出改进措施落实情况进行检查和督办。

第八节　居民（含农村）用户楼道泄漏

本指导流程适用于用户端居民（含农村用户）楼道燃气泄漏的应急处置。

用户端居民（含农村用户）楼道燃气泄漏应急处置流程一般分为：接警报告、应急预警、响应启动、事态控制、现场抢修、恢复供气、解除应急 7 个阶段。

一、接警报告

（一）信息接收

燃气企业应设置并对外公布 24 小时报警电话；接警电话要具有录音功能，录音存储时间不少于 30 天；接警岗位要保证 24 小时有人在岗值班。

（二）基本问询

接警人员开展基本问询，并进行事故初期画像，问询内容包括但不限于以下内容。

（1）地点：街区、地标、周边燃气设施、标识。

（2）身份：报警人姓名、电话、着装标志、职业身份。

（3）周边环境：气味是否明显、能否听到气流声、是否已起火等用户端泄漏的典型特征。

（三）风险提示

接警人员应对报警人做以下风险提示。

（1）告知报警人燃气易燃易爆的危险特性，现场保持禁火禁电。

（2）告知报警人远离有气味区域接打电话。

（3）指导用户端报警人开窗通风、关阀切断气源。

（4）告知报警人撤离至安全区域，向上风向转移。

（5）如发现已有人员伤亡，在专业指导下救援。

（6）必要时告知报警人实施紧急避险，不得乘坐电梯，接触周边电气设备。

（四）引导警戒

在征询报警人意愿和能力的前提下，争取报警人协助开展初步安全警戒工作，警戒区域严禁一切车辆及人员进入，内禁火、断电。告知报警人在楼下等待，协助引导机动哨兵快速抵达现场。

（五）信息报送

接警人员在接警全过程中，要及时、准确、完整地记录和整理信息，同级共享和逐级报送，对接警信息进行先期研判，便于快速、准确启动预警及响应。

（1）根据事故性质和严重程度，灵活采用信息系统、电话、呼喊、一键报警等不同方式进行信息传递。

（2）保持与报警人的联系，确保信息及时更新和有效传递。

二、应急预警

为快速研判事态趋势，及时传递预警信息，开展应急准备，协调调动应急专家、专业队伍和物资装备等应急资源支持，具体开展以下工作。

（一）初步研判

根据事故性质、严重程度、影响范围和可控性，结合预警和响应分级明确的条件，初步研判预警和响应级别。

（二）应急准备

按照初步研判结果，开展应急准备工作。

（1）第一时间派工派警。立即调派周边具备处置能力的机动哨兵快速抵达现场，并向其传递报警地点、报警人、电话、数字地图等派工信息，同步派工派警。

（2）同步应急资源准备。组织企业各相关部门依据预案规定的职责和分工要求开展相应应急资源准备。

（3）必要时应急联动。当初判燃气泄漏并对周边影响较大时，立即报告政府、应急、消防、交通、相关方等开展联动响应。

（三）向政府报告

事发企业应根据法律法规和当地政府规定，同时向当地政府有关部门报告突发事件信息。

（四）预警解除

当符合预警解除条件时，经核实批准后，实施预警解除。

三、响应启动

当在应急预警阶段研判为疑似燃气泄漏或事态可控时，由机动哨兵开展先期处置；当在应急预警阶段研判确认燃气泄漏或事态严重时，应直接启动抢险队伍响应线；当机动哨兵现场确认泄漏严重后，应立即启动抢险队伍响应线。

（一）信息核实

机动哨兵抵达现场后，同报警人快速对以下信息进行核实：是否为燃气泄漏、泄漏具体位置、是否存在燃气窜入周边密闭空间的情况、当前事态、事件原因初判等。当现场无报警人时，应根据派工派警指令对现场进行核实，进行事故再次画像。

（二）处置警戒

机动哨兵应同步开展周边环境气体检测，一旦确认用户端泄漏情况，在保证自身安全的前提下，采取开窗通风、关阀（出地立管阀、埋地阀、表前阀、户外调压箱等）控制泄漏等措施，并动态开展探边、疏散和警戒。

（三）信息反馈

机动哨兵应持续跟踪周边环境和事态变化，与应急中心保持专线联系，动态反馈现场事态，包括当前事态、先期处置进展、舆情状况等。

四、事态控制

（一）信息确认

应急处置专员抵达现场后，同机动哨兵/报警人快速对接核实和确认信息，并指挥抢险队伍开展检测探边、警戒疏散、泄漏控制、稀释放散等处置工作。

（二）检测探边

（1）现场禁火禁电，开展气体检测，具体包括燃气种类分析检测（使用不同的检测仪器进行对比检测）、燃气浓度检测（包括地上、地下、室内外的空间检测）等。

（2）根据检测结果，查找划定达到燃气爆炸下限20%（即1% VOL）的边界和燃气浓度为0的边界，具体包括以下内容。

① 地上探边：包括楼道、户内等区域。

② 地下探边：包括地下室、半地下室等区域。

③ 沟井管道探边：包括上水、下水、暖气、电力、电信等全部阀井、窨井等。

（三）警戒疏散

（1）依据探边情况，动态调整警戒范围，警戒的内容应包括阻拦无关人员进入危险区域、实时监测警戒线处的监测数据、监护危险区域内的作业人员等。设置以下区域。

① 高风险区域：以可燃气体浓度达到爆炸下限20%（1% VOL）为边界划定区域，应布置警戒线及警示标识、实施燃气浓度检测监控等安全措施。

② 人员疏散区域：应疏散整栋楼的人员，并在楼外燃气爆炸波及范围以外的区域实行外围警戒、动态监测。外围警戒应布置警戒线及标识，采取禁入措施。

当泄漏影响公共交通道路时，应划定警戒区域，并实行交通管制。

（2）危险区域内的撤人疏散工作，应检查所有住户、单元是否有伤亡人员。疏散时要在适当位置粘贴标识，做好记录，以免重复工作或出现遗漏。疏散任务完成后，应定时对建筑物内燃气浓度进行检测监控。

（3）撤人疏散时应告知属地派出所或社区人员事态严重程度，并申请给予协助，做好宣传，逐户通知，告知不能在警戒区域内滞留，填写现场疏散登记表。室内检测记录，请被疏散居民签字。

（4）在政府部门接管现场时，应按政府部门要求配合工作，提供专业性意见，进行警戒疏散。

（四）舆情管控

本着及时发声、消除影响、彰显责任、维护形象等原则，燃气企业应始终做好舆情监控，及时报告情况，做好媒体沟通，加强舆论引导，并及时对外发布相关信息。

（五）应急供气保障

协调地方政府配合做好停气用户的解释工作，如涉及不可中断用户，应注意启动应急供气保障。

（六）事故响应升级

如出现次生或衍生事故导致事态升级、超出本企业应急控制能力、可能波及周边区域时，燃气企业应及时向上级公司请求支援，同时立即报告政府、应急、消防、交通、相关方等开展联动响应。

五、现场抢修

事态得到控制后，实施现场抢修。现场抢修应持续、动态开展风险评估，关注周边燃气浓度变化，控制人员进场，注意抢修作业方式，避免发生次生、衍生事故。

（一）查漏

由户外立管阀门向后顺气流方向进行检查，可运用肥皂水查漏、燃气浓度检测、分段打压查漏法等方法查找漏点；查漏要注意考虑第二泄漏点。

（二）制定抢修方案

依托现场处置方案，结合现场环境和专家意见，制定抢修实施方案，并进行技术交底。

（三）确认抢修条件

（1）周边环境通风，管道氮气置换完成后，可燃气体浓度确认。

（2）机具配备确认。

（3）人员能力确认。

（4）作业环境确认。

（5）安全防护措施落实确认。

（6）监督、监护、监测人员到位确认。

（四）实施抢修作业

（1）抢修条件达到要求后，抢修人员按照抢修方案，实施抢修作业。

（2）修复质量验收，包括严密性试验、压力试验等安全测试。

（3）后续监测。24 小时之内对修复泄漏部位进行全面检测，一周之内再次进行复查。

六、恢复供气

应按《城镇燃气设施运行、维护和抢修安全技术规程》（CJJ 51—2016）要求，对受影响场所的燃气设备设施进行安全试验、恢复供气。

1. 恢复供气环节的重点关注事项

（1）不宜于夜间22:00至次日凌晨6:00实施严密性检测。

（2）管网端应持续检测周边沟井涵渠等密闭、半密闭空间是否有燃气残留。

（3）提前编制置换方案，并通知相关用户。

（4）全面检查燃气设施，对停气用户逐户点火复气。

2. 严禁恢复供气的情况

（1）抢修现场曾检测到燃气浓度显示，但没有找到泄漏原因的。

（2）抢修现场发现漏点后，泄漏没有彻底处理或根源没有消除的。

（3）抢修现场燃气浓度仍然超标的。

（4）没有进行置换通气前的安全检查和试验的。

（5）没有通知相关用户的。

（6）其他重大安全隐患未整改完成的。

（7）主管部门下达通知的。

七、解除应急

（1）现场维修完毕，经持续监测泄漏区域、部位，确认燃气再无泄漏可能，宣布解除应急状态。

（2）积极配合政府和公安部门做好事故调查及责任认定。

（3）整理应急过程记录。

（4）做好后期的舆情监测和应对，根据需要组织信息发布，说明突发事件处理完毕后的调查结果、采取的措施、善后处理的安排及预防改进措施等。

（5）根据应急职责分配，相关部门负责对总结报告所提出改进措施落实情况进行检查和督办。

第五章　厂站端燃气泄漏应急处置流程

第一节　非工艺区不明泄漏

本指导流程适用于厂站端辅助用房、综合用房等工艺区外的不明泄漏的应急处置。

厂站端非工艺区不明泄漏应急处置流程一般分为信息报告、应急预警、响应启动、事态控制、现场抢修、恢复供气、解除应急7个阶段。

一、信息报告

厂站端非工艺区发现疑似燃气泄漏，应第一时间将具体情况（泄漏位置、泄漏量等信息）报告给站控室，站控室及时报告站长等相关人员。

二、应急预警

站长迅速组织开展排查，查明漏点，快速研判事态，及时传递预警信息，开展应急准备。

（一）漏点排查

充分利用泄漏报告信息和厂站可燃气体报警系统监测数据，组织站内值班人员携带便携式可燃气体检测仪（PPM级）、检漏壶、防爆扳手等工器具，从辅助用房由外向内检测空气中可燃气体浓度，查明具体泄漏位置、泄漏程度（浓度）。

（二）初步研判

根据厂站内非工艺区所涉及的辅助燃气设备或食堂自用气等工艺流程、泄漏位置、严重程度、影响范围和可控性等因素，结合响应分级明确的条件，初步研判突发事件级别。

三、响应启动

（1）站长组织厂站应急处置人员按照应急处置方案开展应急处置。厂站应急处置以第一时间控制事态为目标，视情况申请启动上级单位应急响应或协调抢险救援队等应急工作组支援。

（2）厂站应急处置人员迅速组织疏散厂站内的非应急抢险人员，根据泄漏区的位置和范围，设置警戒区域。必要时可根据燃气浓度检测情况，将警戒区域由厂站扩大到厂站周边，并随时监测周围环境的燃气浓度。

（3）警戒区内应管制交通，严禁烟火，严禁无关人员入内。

四、事态控制

（1）仪表设备的接口处或法兰处发生泄漏，应立即关闭上游切断阀，切断泄漏源。

（2）辅助燃气设备发生泄漏：①泄漏量小，事态可控时，应做好现场警戒和持续监控，可使用防爆事故排风机等设备降低非工艺区的燃气浓度，待做好停气准备后，再行处置；②泄漏量大，事态不可控，且影响工艺区生产供气时，应立即上报公司主要负责人，并做好停气准备，尽量减少经济损失和停气影响。

五、现场抢修

抢修应结合现场情况，组织制定抢修实施方案，应注意抢修前技术交底，抢修过程要持续、动态开展风险评估，注意抢修作业方式，避免发生次生、衍生事故。处置完成后应恢复工艺流程，确保监测仪表、辅助生产设备和自用气等正常运行。

（一）确认抢修条件

（1）可燃气体浓度确认。

（2）机具配备确认。

（3）人员能力确认。

（4）作业环境确认。

（5）安全防护措施落实确认。

（6）监督、监护、监测人员到位确认。

（二）实施抢修作业

（1）抢修条件达到要求后，抢修人员按照抢修方案，实施抢修作业。

（2）修复质量验收，包括焊缝质量检测、气密试验等安全测试。

（3）后续监测。24 小时之内对修复工艺进行全面复查，一周之内对泄漏部位再次进行复查。

（三）特别说明

（1）在辅助用房内部等封闭空间实施抢修作业时，应采取盲板封堵等措施实施有效的能量隔离，并严格遵守“先通风、再检测、后作业”要求。

（2）存在爆炸风险的，应当采取消除或控制措施，相关电气设施设备、照明灯具、应急救援装备等应当符合防爆安全要求。

（3）对燃气设备实施抢修作业时，应确保切断设备电源。

六、恢复供气

应按《城镇燃气设施运行、维护和抢修安全技术规程》（CJJ 51—2016）要求，对停气的工艺设备进行安全试验、恢复供气。

处置完成后应结合实际恢复相关工艺流程，检查压力、温度等运行参数是否符合要求，检查阀门和使用燃气的生产辅助设备运行状态，确保运行正常。

七、解除应急

（1）现场维修完毕，经持续监测泄漏区域和泄漏部位，确认燃气再无泄漏可能，宣布解除应急状态。

（2）积极配合政府和公安部门做好事故调查及责任认定。

（3）整理应急过程记录，编写现场应急工作总结报告。

（4）做好后期的舆情监测和应对，根据需要组织信息发布，说明突发事件处理完毕后的调查结果、采取的措施、善后处理的安排及预防改进措施等。

（5）根据应急职责分配，相关部门负责对总结报告所提出改进措施落实情况进行检查和督办。

第二节　非工艺区已知漏点泄漏

本指导流程适用于厂站端辅助用房、综合用房等工艺区外的已知漏点泄漏的应急处置。

厂站端非工艺区已知漏点泄漏应急处置流程一般分为：信息报告、应急预警、响应启动、事态控制、现场抢修、恢复供气、解除应急 7 个阶段。

一、信息报告

厂站端非工艺区发现燃气泄漏，应第一时间将具体情况（泄漏位置、泄漏量等信息）报告给站控室，站控室及时报告站长等相关人员。

二、应急预警

根据厂站内非工艺区所涉及的辅助燃气设备或食堂自用气等工艺流程、泄漏位置、严重程度、影响范围和可控性等因素，结合响应分级明确的条件，初步研判突发事件级别，及时传递预警信息，开展应急准备。

三、响应启动

（1）站长组织厂站应急处置人员按照应急处置方案开展应急处置。厂站应急处置以第一时间控制事态为目标，视情况申请启动上级单位应急响应或协调抢险救援队等应急工作组支援。

（2）厂站应急处置人员迅速组织疏散厂站内的非应急抢险人员，根据泄漏区的位置和范围，设置警戒区域。必要时可根据燃气浓度检测情况，将警戒区域由厂站扩大到厂站周边，并随时监测周围环境的燃气浓度。

（3）警戒区内应管制交通，严禁烟火，严禁无关人员入内。

四、事态控制

（1）仪表设备的接口处或法兰处发生泄漏，应立即关闭上游切断阀，切断泄漏源。

（2）辅助燃气设备发生的泄漏：①泄漏量小，事态可控时，应做好现场警戒和持续监控，可使用防爆事故排风机等设备降低非工艺区的燃气浓度，待做好停气准备后，再行处置；②泄漏量大，事态不可控，且影响工艺区生产供气时，应立即上报公司主要负责人，并做好停气准备，尽量减少经济损失和停气影响。

五、现场抢修

抢修应结合现场情况，组织制定抢修实施方案，应注意抢修前技术交底，抢修过程要持续、动态开展风险评估，注意抢修作业方式，避免发生次生、衍生事故。处置完成后应恢复工艺流程，确保监测仪表、辅助生产设备和自用气等恢复正常。

（一）确认抢修条件

（1）可燃气体浓度确认。

（2）机具配备确认。

（3）人员能力确认。

（4）作业环境确认。

（5）安全防护措施落实确认。

（6）监督、监护、监测人员到位确认。

（二）实施抢修作业

（1）抢修条件达到要求后，抢修人员按照抢修方案，实施抢修作业。

（2）修复质量验收，包括焊缝质量检测、气密试验等安全测试。

（3）后续监测。24 小时之内对修复工艺进行全面复查，一周之内对泄漏部位再次进行复查。

（三）特别说明

（1）在辅助用房内部等封闭空间实施抢修作业时，应采取盲板封堵等措施实施有效的能量隔离，并严格遵守“先通风、再检测、后作业”要求。

（2）存在爆炸风险的，应当采取消除或控制措施，相关电气设施设备、照明灯具、应急救援装备等应当符合防爆安全要求。

（3）对燃气设备实施抢修作业时，应确保切断设备电源。

六、恢复供气

应按《城镇燃气设施运行、维护和抢修安全技术规程》（CJJ 51—2016）要求，对停气的工艺设备进行安全试验、恢复供气。

处置完成后应结合实际恢复相关工艺流程，检查压力、温度等运行参数是否符合要求，检查阀门和使用燃气的生产辅助设备运行状态，确保运行正常。

七、解除应急

（1）现场维修完毕，经持续监测泄漏区域和泄漏部位，确认燃气再无泄漏可能，宣布解除应急状态。

（2）积极配合政府和公安部门做好事故调查及责任认定。

（3）整理应急过程记录，编写现场应急工作总结报告。

（4）做好后期的舆情监测和应对，根据需要组织信息发布，说明突发事件处理完毕后的调查结果、采取的措施、善后处理的安排及预防改进措施等。

（5）根据应急职责分配，相关部门负责对总结报告所提出改进措施落实情况进行检查和督办。

第三节　工艺区不明泄漏

本指导流程适用于厂站端工艺区不明泄漏的应急处置。

厂站端工艺区不明泄漏应急处置流程一般分为：信息报告、应急预警、响应启动、事态控制、现场抢修、恢复供气、解除应急 7 个阶段。

一、信息报告

厂站端工艺区发现疑似燃气泄漏，应通过呼喊、防爆对讲机、防爆手机等方式，第一时间将具体情况（疑似泄漏位置、报警泄漏位置）报告给站控室，站控室及时报告站长等相关人员。

二、应急预警

站长迅速组织开展排查，查明漏点，快速研判事态，及时传递预警信息，开展应急准备。

（一）漏点排查

充分利用泄漏报告信息和厂站可燃气体报警系统监测数据，组织站内值班人员携带便携式可燃气体检测仪从厂站由外向内检测空气中燃气浓度，查明具体泄漏位置、泄漏程度（浓度），确认漏点。

（二）初步研判

根据厂站工艺流程、泄漏位置、泄漏量大小、影响下游用户范围、当前工况等，结合响应分级明确的条件，初步研判突发事件级别。

三、响应启动

（1）站长组织厂站应急处置人员按照应急处置方案开展应急处置。厂站应急处置以第一时间控制事态为目标，视情况申请启动上级单位应急响应或协调抢险救援队等应急工作组支援。

（2）厂站应急处置人员迅速组织疏散厂站内的非应急抢险人员，根据泄漏区的位置和范围，设置警戒区域。必要时可根据燃气浓度检测情况，将警戒区域由厂站扩大到厂站周边，并随时监测周围环境的燃气浓度。

（3）警戒区内应管制交通，严禁烟火，严禁无关人员入内。

四、事态控制

（一）泄漏控制

1. 单体设备压力表、安全阀等接口处或法兰处泄漏

如果设有切断阀，则关闭该切断阀，切断泄漏源。如果未设切断阀或不具备关闭切断阀的条件，当泄漏程度较小、事态可控时，做好现场警戒和持续监控，待通知下游用户做好停气准备，再行处置；当泄漏程度较大、事态不可控时，可关闭进出站上、下游阀门，并利用放空系统放散站内工艺管道的燃气。

2. 工艺管路泄漏

应实施工艺流程切换，投用备用工艺管线，关闭泄漏工艺路的上、下游阀门，切断泄漏源，并利用放空系统放散泄漏工艺路的燃气；如不具备切换工艺流程的条件，或者出现大量泄漏，应果断拍下厂站静电释放（Electro - Static discharge，ESD）按钮（或关闭进出站阀门），并利用放空系统放散站内工艺管道的燃气；如果 ESD 按钮失效（或进出站阀门无法关闭），事态不可控，可关闭进、出站的上、下游阀门，切断泄漏源，并利用放空系统放散站内工艺管道的燃气。

（二）着火、爆炸控制

当燃气设施发生火灾时，应采取切断气源或降低压力等方法控制火势，并应防止产生负压；当发生火灾、爆炸等事故，危及燃气设施和周围环境的安全时，应协助公安、消防及其他有关部门进行处置。

（三）应急供气保障

针对下游用户较多或不可停供的，根据现场实际情况采取在进站阀前与出站阀后搭设临时旁通供气或计划停气准备的措施。

五、现场抢修

抢修应结合现场情况，组织制定抢修实施方案，应注意抢修前技术交底，抢修过程要持续、动态开展风险评估，注意抢修作业方式，避免发生次生、衍生事故。处置完成后应恢复工艺流程和 ESD 按钮，确保监测仪表、辅助生产设备和自用气等恢复正常。

（一）确认抢修条件

（1）可燃气体浓度确认。

（2）机具配备确认。

（3）人员能力确认。

（4）作业环境确认。

（5）安全防护措施落实确认。

（6）监督、监护、监测人员到位确认。

（二）实施抢修作业

（1）抢修条件达到要求后，抢修人员按照抢修方案，实施抢修作业。

（2）修复质量验收，包括焊缝质量检测、气密试验等安全测试。

（3）后续监测。24 小时之内对修复工艺进行全面复查，一周之内对泄漏部位再次进行复查。

（三）特别说明

（1）应采取盲板封堵等措施实施有效的能量隔离。

（2）如涉及阀井等有限空间，还应严格遵守“先通风、再检测、后作业”要求。

（3）存在爆炸风险的，应当采取消除或控制措施，相关电气设施设备、照明灯具、应急救援装备等应当符合防爆安全要求。

六、恢复供气

应按《城镇燃气设施运行、维护和抢修安全技术规程》（CJJ 51—2016）要求，对停气的工艺设备进行安全试验、恢复供气。

处置完成后应结合实际恢复相关工艺流程，检查压力、温度等运行参数是否符合要求，检查阀门状态、ESD 按钮和工艺设备设施运行状态，确保运行正常。

七、解除应急

（1）现场维修完毕，经持续监测泄漏区域和泄漏部位，确认燃气再无泄漏可能，宣布解除应急状态。

（2）积极配合政府和公安部门做好事故调查及责任认定。

（3）整理应急过程记录，编写现场应急工作总结报告。

（4）做好后期的舆情监测和应对，根据需要组织信息发布，说明突发事件处理完毕后的调查结果、采取的措施、善后处理的安排及预防改进措施等。

（5）根据应急职责分配，相关部门负责对总结报告所提出改进措施落实情况进行检查和督办。

第四节　工艺区已知漏点泄漏

本指导流程适用于厂站端工艺区已知漏点泄漏的应急处置。

厂站端工艺区已知漏点泄漏应急处置流程一般分为：信息报告、应急预警、响应启动、事态控制、现场抢修、恢复供气、解除应急 7 个阶段。

一、信息报告

厂站端工艺区发现燃气泄漏，应通过呼喊、防爆对讲机、防爆手机等方式，第一时间将具体情况（泄漏位置、泄漏量等信息）报告给站控室，站控室及时报告站长等相关人员。

二、应急预警

根据厂站工艺流程、泄漏位置、泄漏量大小、影响下游用户范围、当前工况等，结合响应分级明确的条件，初步研判突发事件级别，快速研判事态，及时传递预警信息，开展应急准备。

三、响应启动

（1）站长组织厂站应急处置人员按照应急处置方案开展应急处置。厂站应急处置以第一时间控制事态为目标，视情况申请启动上级单位应急响应或协调抢险救援队等应急工作组支援。

（2）厂站应急处置人员迅速组织疏散厂站内的非应急抢险人员，根据泄漏区的位置和范围，设置警戒区域。必要时可根据燃气浓度检测情况，将警戒区域由厂站扩大到厂站周边，并随时监测周围环境的燃气浓度。

（3）警戒区内应管制交通，严禁烟火，严禁无关人员入内。

四、事态控制

（一）泄漏控制

1. 单体设备压力表、安全阀等接口处或法兰处泄漏

如果设有切断阀，则关闭该切断阀，切断泄漏源。如果未设切断阀或不具备关闭切断阀的条件，当泄漏程度较小、事态可控时，做好现场警戒和持续监控，待通知下游用户做好停气准备，再行处置；当泄漏程度较大、事态不可控时，可关闭进出站上、下游阀门，并利用放空系统放散站内工艺管道的燃气。

2. 工艺管路泄漏

应实施工艺流程切换，投用备用工艺管线，关闭泄漏工艺路的上、下游阀门，切断泄漏源，并利用放空系统放散泄漏工艺路的燃气；如不具备切换工艺流程的条件，或者出现大量泄漏，应果断拍下厂站 ESD 按钮（或关闭进出站阀门），并利用放空系统放散站内工艺管道的燃气；如果 ESD 按钮失效（或进出站

阀门无法关闭），事态不可控，可关闭进、出站的上、下游阀门，切断泄漏源，并利用放空系统放散站内工艺管道的燃气。

（二）着火、爆炸控制

当燃气设施发生火灾时，应采取切断气源或降低压力等方法控制火势，并应防止产生负压；当发生火灾、爆炸等事故，危及燃气设施和周围环境的安全时，应协助公安、消防及其他有关部门进行处置。

（三）应急供气保障

针对下游用户较多或不可停供的，根据现场实际情况采取在进站阀前与出站阀后搭设临时旁通供气或计划停气准备的措施。

五、现场抢修

抢修应结合现场情况，组织制定抢修实施方案，应注意抢修前技术交底，抢修过程要持续、动态开展风险评估，注意抢修作业方式，避免发生次生、衍生事故。处置完成后应恢复工艺流程和 ESD 按钮，确保监测仪表、辅助生产设备和自用气等恢复正常。

（一）确认抢修条件

（1）可燃气体浓度确认。

（2）机具配备确认。

（3）人员能力确认。

（4）作业环境确认。

（5）安全防护措施落实确认。

（6）监督、监护、监测人员到位确认。

（二）实施抢修作业

（1）抢修条件达到要求后，抢修人员按照抢修方案，实施抢修作业。

（2）修复质量验收，包括焊缝质量检测、气密试验等安全测试。

（3）后续监测。24 小时之内对修复工艺进行全面复查，一周之内对泄漏部位再次进行复查。

（三）特别说明

（1）应采取盲板封堵等措施实施有效的能量隔离。

（2）如涉及阀井等有限空间，还应严格遵守“先通风、再检测、后作业”要求。

（3）存在爆炸风险的，应当采取消除或控制措施，相关电气设施设备、照明灯具、应急救援装备等应当符合防爆安全要求。

六、恢复供气

应按《城镇燃气设施运行、维护和抢修安全技术规程》(CJJ 51—2016)要求，对停气的工艺设备进行安全试验、恢复供气。

处置完成后应结合实际恢复相关工艺流程，检查压力、温度等运行参数是否符合要求，检查阀门状态、ESD 按钮和工艺设备设施运行状态，确保运行正常。

七、解除应急

(1) 现场维修完毕，经持续监测泄漏区域和泄漏部位，确认燃气再无泄漏可能，宣布解除应急状态。

(2) 积极配合政府和公安部门做好事故调查及责任认定。

(3) 整理应急过程记录，编写现场应急工作总结报告。

(4) 做好后期的舆情监测和应对，根据需要组织信息发布，说明突发事件处理完毕后的调查结果、采取的措施、善后处理的安排及预防改进措施等。

(5) 根据应急职责分配，相关部门负责对总结报告所提出改进措施落实情况进行检查和督办。

第五节　加气（液）区不明泄漏

本指导流程适用于 LNG 加气站、CNG 母站、CNG 标准站、CNG 子站等加气(液)区不明泄漏的应急处置。

厂站端加气（液）区不明泄漏应急处置流程一般分为信息报告、应急预警、响应启动、事态控制、现场抢修、恢复供气、解除应急 7 个阶段。

一、信息报告

厂站端加气（液）区发现不明燃气泄漏，应通过呼喊、防爆对讲机、防爆手机等方式，第一时间将具体情况（泄漏位置、泄漏量等信息）报告给站控室，站控室及时报告站长等相关人员。

二、应急预警

站长迅速组织开展排查，查明漏点，快速研判事态，及时传递预警信息，开展应急准备。

（一）漏点排查

充分利用接到的泄漏报告信息和厂站可燃气体报警系统监测数据，组织站内值班人员携带便携式可燃气体检测仪（PPM级）、检漏壶、防爆扳手等工器具对燃气设备设施进行燃气泄漏排查。

（1）对于压缩天然气（Compressed Natural Gas，CNG）母站、CNG标准站、CNG子站，首先通过声音、气味和风向辨识泄漏发生的大致区域，然后在大致区域内使用可燃气体检测仪进行细致排查，根据检测仪显示的读数，逐步缩小排查范围，之后重点排查法兰、阀门、焊接口，查明具体泄漏位置、泄漏程度（浓度）。

（2）对于液化天然气（Liquefied Natural Gas，LNG）加气站，首先观察出现白雾的区域，再对出现白雾的区域使用可燃气体检测仪进行细致排查，重点排查法兰、阀门、焊接口部位，查明具体泄漏位置、泄漏程度（浓度）。如未观察到出现白雾的区域，则将排查重点区域放在管沟处，通过可燃气体检测仪探测头伸入管沟处进行检测，根据读数，确认泄漏区域。

（二）初步研判

根据厂站工艺流程、泄漏位置、严重程度、影响范围和可控性，结合响应分级明确的条件，初步研判突发事件级别。

三、响应启动

（1）站长组织加气站工作人员按照应急处置方案开展应急处置，加气站应急处置以第一时间控制事态为目标，视情况申请启动公司应急响应或协调维抢修队应急支援。

（2）加气站工作人员立即停止加气，组织在场车辆熄火，通知驾驶人员迅速离车，撤离到安全地点，立即对加气区警戒，严禁一切车辆及人员进入。

（3）警戒区域内严禁烟火，安排专人对警戒区域边缘坑、井进行检测，出现警报立即扩大警戒疏散范围。

四、事态控制

（一）泄漏控制

1. CNG母站、CNG标准站、CNG子站泄漏

（1）如果管沟工艺管线处发生微小泄漏，顺序关闭控制盘出口管道阀门。

（2）如果管沟工艺管线处发生大量泄漏，应首先按下全站ESD按钮，人员撤离至安全地点，缓慢打开管沟盖板，打开远离泄漏位置加气机的放散阀，让其

稳定放散。

（3）做好泄漏范围探边检测，疏散人员至泄漏区域上风向，扩大警戒范围。

2. LNG 加气站泄漏

（1）如果微小泄漏，对于 LNG 加气站关闭潜液泵出口阀门，关闭加气机紧急切断阀，打开管沟盖板，放散泄漏气体，打开加气机放散阀放空泄压。

（2）如果大量泄漏，形成大量白雾，无法辨识泄漏点，应首先按下全站 ESD 按钮，此时切勿切断任何电源，在远离白雾位置进行放空泄压，让其稳定泄漏。

（3）做好泄漏范围探边检测，疏散人员至泄漏区域上风向、白雾未达到区域，扩大警戒范围。

（二）环境控制

（1）现场应急处置时要对泄漏区域周边进行实时可燃气体监测，根据风向实时变动监测位置，确保监测位置处于下风向。

（2）对所有现场相邻的阀门井、污水井、电缆井等地下管沟、设施加强排查，用可燃气体检测仪进行不间断的检测，严密排查燃气窜入相邻区域的可能性。

（三）响应升级

观察事态变化，保持信息畅通，动态反馈现场情况和事态控制情况。如果厂站自身不具备泄漏设备的维抢修能力，应及时申请启动公司应急响应或协调公司维抢修队应急支援。

及时通知场站固定客户（如定点加气的公交车队等）暂停加气（液）服务，协助联系其他供气站点提供服务。

五、现场抢修

抢修应结合现场情况，组织制定抢修实施方案，应注意抢修前技术交底，抢修过程要持续、动态开展风险评估，注意抢修作业方式，避免发生次生、衍生事故。处置完成后应恢复 ESD 按钮，确保监测仪表、加气（液）工艺等恢复正常。

（一）确认抢修条件

（1）可燃气体浓度确认。

（2）机具配备确认。

（3）人员能力确认。

（4）作业环境确认。

（5）安全防护措施落实确认。

（6）监督、监护、监测人员到位确认。

（二）实施抢修作业

（1）抢修条件达到要求后，抢修人员按照抢修方案，实施抢修作业。

（2）修复质量验收，包括焊缝质量检测、气密试验等安全测试。

（3）后续监测。24 小时之内对修复工艺进行全面复查，一周之内对泄漏部位再次进行复查。

（三）特别说明

（1）处置前应做好应急抢维修的准备工作，必须使用防爆工具作业，落实安全措施，处置过程必须严格遵守维抢修操作规程。

（2）应用消防水雾对泄漏位置进行稀释。

（3）抢修人员进入作业区前应按规定穿戴防静电服、鞋及防护用具，并严禁在作业区内穿脱和摘戴；穿戴正压式呼吸器，要考虑进出现场时间，正压式呼吸器使用时间约为 40 分钟。

（4）作业现场应有专人监护，严禁单独操作。

（5）针对 LNG，应防止液态天然气快速气化造成人员冻伤。

六、恢复供气

应按《城镇燃气设施运行、维护和抢修安全技术规程》（CJJ 51—2016）要求，对停气的工艺设备进行安全试验、恢复供气。

处置完成后应结合实际恢复相关工艺流程，检查压力、温度参数是否符合要求，检查阀门状态和 ESD 按钮，确保恢复至正常状态。

七、解除应急

（1）现场维修完毕，经持续监测泄漏区域和泄漏部位，确认燃气再无泄漏可能，宣布解除应急状态。

（2）积极配合政府和公安部门做好事故调查及责任认定。

（3）整理应急过程记录，编写现场应急工作总结报告。

（4）做好后期的舆情监测和应对，根据需要组织信息发布，说明突发事件处理完毕后的调查结果、采取的措施、善后处理的安排及预防改进措施等。

（5）根据应急职责分配，相关部门负责对总结报告所提出改进措施落实情况进行检查和督办。

第六节　加气（液）区已知漏点泄漏

本指导流程适用于LNG加气站、CNG母站、CNG标准站、CNG子站等加气（液）区已知漏点泄漏的应急处置。

厂站加气（液）区已知漏点泄漏应急处置流程一般分为信息报告、应急预警、响应启动、事态控制、现场抢修、恢复供气、解除应急7个阶段。

一、信息报告

厂站发现燃气泄漏，应通过呼喊、防爆对讲机、防爆手机等方式，第一时间将具体情况（泄漏位置、泄漏量等信息）报告给站控室，站控室及时报告站长等相关人员。

二、应急预警

根据厂站工艺流程、泄漏位置、严重程度、影响范围和可控性，结合响应分级明确的条件，初步研判突发事件级别，及时传递预警信息，开展应急准备。

三、响应启动

（1）站长组织加气站工作人员按照应急处置方案开展应急处置，加气站应急处置以第一时间控制事态为目标，视情况申请启动公司应急响应或协调维抢修队应急支援。

（2）加气站工作人员立即停止加气，组织在场车辆熄火，通知驾驶人员迅速离车，撤离到安全地点，立即对加气区警戒，严禁一切车辆及人员进入。

（3）警戒区域内严禁烟火，安排专人对警戒区域边缘坑、井进行检测，出现警报立即扩大警戒疏散范围。

四、事态控制

（一）泄漏控制

1. 加气装置泄漏

（1）如加气过程中出现枪头漏气（崩枪），应关闭加气机紧急切断阀终止加气操作，拔下加气枪；如加气车辆加气嘴为双向阀，应首先关闭旋塞角阀后方可关闭加气手柄终止加气操作。

（2）如加气过程中加气机加气软管拉断发生泄漏，应立即关闭加气机紧急切断阀，关闭加气车辆加气嘴阀门（如加气软管甩动幅度过大，人员无法靠近实施操作，应立即关闭储气瓶组（井）所有进出口截止阀），如加气车辆仍有泄漏，应立即关闭车载气瓶角阀。

（3）如加气机底部管线崩脱发生泄漏，立即至控制室停压缩机（对于 CNG 母站、CNG 标准站），停潜液泵（LNG 站），拍停 ESD 按钮，让其稳定泄漏。

2. 加气车辆泄漏

（1）如是加气车辆出现天然气泄漏，立即关闭加气紧急切断阀终止加气操作；如加气车辆加气嘴为双向阀，应视泄漏情况尽量关闭旋塞角阀后方可关闭加气手柄终止加气操作，关闭车载气瓶角阀，协同司机将故障车辆推出站外安全可靠区域交司机进行维修处理；如车载气瓶角阀无法关闭或关闭后泄漏得不到处置，应立即终止站内所有车辆加气作业，要求所有车辆关闭引擎，严禁点火启动，无关人员撤离站区，让其稳定泄漏。

（2）如加气过程中发生泄漏着火，立即关闭加气机紧急切断阀，关闭加气手柄，拔枪中止加气操作。就近取灭火器灭火，同时立即拍下 ESD，如火势无法扑灭，立即快速撤离。

（二）环境控制

（1）现场应急处置时要对泄漏区域周边进行实时可燃气体监测工作，关注风向情况，并实时变动监测位置，确保监测位置处于下风向。

（2）现场对所有相邻的阀门井、污水井、电缆井等地下管沟、设施加强排查，用仪器进行不间断地检测可燃气体浓度，严密排查燃气窜入相邻区域的可能性。

（三）响应升级

观察事态变化，保持信息畅通，动态反馈现场情况和事态控制情况。如果厂站自身不具备泄漏设备的维抢修能力，应及时申请启动公司应急响应或协调公司维抢修队应急支援。

及时通知场站固定客户（如定点加气的公交车队等）暂停加气（液）服务。协助联系其他供气站点提供服务。

五、现场抢修

针对场站设施，抢修应结合现场情况，组织制定抢修实施方案，应注意抢修前技术交底，抢修过程要持续、动态开展风险评估，注意抢修作业方式，避免发生次生、衍生事故。处置完成后应恢复 ESD 按钮，确保监测仪表、加气（液）工艺等恢复正常。

（一）确认抢修条件

（1）可燃气体浓度确认。

（2）机具配备确认。

（3）人员能力确认。

（4）作业环境确认。

（5）安全防护措施落实确认。

（6）监督、监护、监测人员到位确认。

（二）实施抢修作业

（1）抢修条件达到要求后，抢修人员按照抢修方案，实施抢修作业。

（2）修复质量验收，包括焊缝质量检测、气密试验等安全测试。

（3）后续监测。24 小时之内对修复工艺进行全面复查，一周之内对泄漏部位再次进行复查。

（三）特别说明

（1）处置前应做好应急抢维修的准备工作，必须使用防爆工具作业，落实安全措施，处置过程必须严格遵守维抢修操作规程。

（2）应用消防水雾对泄漏位置进行稀释。

（3）抢修人员进入作业区前应按规定穿戴防静电服、鞋及防护用具，并严禁在作业区内穿脱和摘戴；穿戴正压式呼吸器，要考虑进出现场时间，正压式呼吸器使用时间约为 40 分钟。

（4）作业现场应有专人监护，严禁单独操作。

（5）抢修作业过程中，应防止 LNG 快速气化造成人员冻伤。

六、恢复供气

应按《城镇燃气设施运行、维护和抢修安全技术规程》（CJJ 51—2016）要求，对停气的工艺设备进行安全试验、恢复供气。

处置完成后应结合实际恢复相关工艺流程，检查压力、温度等运行参数是否符合要求，检查阀门状态和 ESD 按钮，确保恢复至正常状态。

七、解除应急

（1）现场维修完毕，经持续监测泄漏区域和泄漏部位，确认燃气再无泄漏可能，宣布解除应急状态。

（2）积极配合政府和公安部门做好事故调查及责任认定。

（3）整理应急过程记录，编写现场应急工作总结报告。

（4）做好后期的舆情监测和应对，根据需要组织信息发布，说明突发事件处理完毕后的调查结果、采取的措施、善后处理的安排及预防改进措施等。

（5）根据应急职责分配，相关部门负责对总结报告所提出改进措施落实情况进行检查和督办。

第六章 液化石油气泄漏应急处置流程

第一节 储配站泄漏

本指导流程适用于 LPG 储配站罐区及工艺区燃气泄漏的应急处置。

液化石油气（Liquefied Petroleum Gas，LPG）储配站罐区及工艺区不明泄漏应急处置流程一般分为信息报告、应急预警、响应启动、事态控制、现场抢修、恢复供气、解除应急 7 个阶段。

一、信息报告

LPG 储配站罐区及工艺区发现不明燃气泄漏，应通过呼喊、防爆对讲机、防爆手机等方式，第一时间将具体情况（如泄漏位置、泄漏量等信息）报告给站控室，站控室及时报告站长等相关人员。

二、应急预警

站长迅速组织开展排查，查明泄漏点，快速研判事态，及时传递预警信息，开展应急准备。

（一）漏点排查

根据接到的泄漏报告信息和储配站可燃气体报警系统监测数据，组织站内值班人员携带便携式可燃气体（丙烷）检测仪（PPM 级）、检漏壶、防爆扳手等工器具，从储配站用房由外向内（储罐区）排查泄漏点。根据声光报警器的位置、站控室提供的可燃气体报警器的编号位置、燃气泄漏区域的声音、气味和风向条件，探边检测空气中可燃气体浓度，查明具体泄漏位置和泄漏程度（浓度）。

（二）初步研判

根据储配站工艺流程、泄漏位置、严重程度、影响范围和可控性，结合响应分级明确的条件，初步研判突发事件级别。

三、响应启动

（1）站长组织厂站应急处置人员按照应急处置方案开展应急处置。厂站应急处置以第一时间控制事态为目标，视情况申请启动上级单位应急响应或协调抢险救援队等应急工作组支援。

（2）厂站应急处置人员迅速组织疏散储配站内泄漏区域的非应急抢险人员，同时利用储配站围墙等开展泄漏区域警戒。必要时，可根据燃气浓度检测情况，将警戒区域由厂站扩大到厂站周边，并随时监测周围环境的燃气浓度。

（3）警戒区域内，严禁明火。在现场应急指挥员发出明确指令前，严禁断电。

四、事态控制

（一）泄漏控制

（1）如单体设备泄漏，应关闭根部阀，切断泄漏源。

（2）如运行工艺路法兰泄漏，应关闭泄漏工艺路的上下游阀门，切断泄漏源，并利用放空系统放散泄漏工艺路的燃气（如有备用管路，可切换至备用管路）。

（3）如不具备关闭根部阀、切换工艺流程等条件（或出现大量泄漏），应果断按下储配站 ESD 按钮（或关闭进出储罐管路阀门），切断泄漏源，并利用放空系统放散站内工艺管道的天然气。

（4）如储罐或与储罐直接相连的第一道液相阀门（或法兰）处泄漏，首先关闭其他储罐的紧急切断阀，然后关闭烃泵及其他正在运行的设备。可考虑利用压缩机对事故罐降压，并宜采取下列措施进行处理：①当现场条件允许时，直接使用阀门、法兰抱箍或用包扎气带包扎、注胶等方法控制泄漏；同时，应采取倒罐措施，将事故罐的液态液化石油气转移至其他储罐。②当现场条件无法直接使用抱箍、包扎气带、注胶等控制泄漏时，可采取向储罐底部注水的方法。

（二）环境控制

（1）现场应急处置时，要对泄漏储罐周边进行实时可燃气体监测，根据风向实时调整监测位置，确保监测位置处于下风向。

（2）对现场所有相邻的阀门井、污水井、电缆井等地下管沟和设施进行排查，使用可燃气体检测仪进行燃气浓度检测，严密排查燃气窜入相邻区域的可能性。

（3）如发生大量泄漏，在疏散人员的同时，应尽快用消防水雾和防爆风机稀释泄漏物，防止形成爆炸环境。

（三）火灾控制

（1）如发生 LPG 泄漏起火，要立即启动消防喷淋系统，对泄漏区域进行降温、隔离，并切断气源或降低压力控制火势，同时防止产生负压。

（2）如火势已扩大，短时间内无法切断气源，应利用一切手段对相邻球罐和燃烧罐进行喷淋降温，孤立燃烧罐，让其稳定燃烧。此时，抢险重点应放在如何避免人员伤亡、防止灾难性事故发生上，切忌盲目施救。

（四）应急供气保障

针对用户较多或不可停供的，要及时与上级主管部门和相邻 LPG 储配站协商，由其他站点提供供气服务，尽量减少停供气给用户造成的不便。

（五）响应升级

观察事态变化，保持信息畅通，动态反馈现场情况和事态控制情况。如储配站自身不具备泄漏设备的维修和抢修能力，应及时申请启动公司应急响应或协调公司维修和抢修队提供应急支援。如需停气，应做好停气准备，及时通知相关方，尽量减少经济损失和社会影响。

五、现场抢修

抢修应结合现场情况，组织制定抢修实施方案。在进行抢修前，应进行技术交底，抢修过程要持续、动态开展风险评估，注意抢修作业方式，避免发生次生或衍生事故。处置完成后，应恢复工艺流程，确保监测仪表、辅助生产设备和自用气等恢复正常。

（一）确认抢修条件

（1）可燃气体浓度确认。

（2）机具配备确认。

（3）人员能力确认。

（4）作业环境确认。

（5）安全防护措施落实确认。

（6）监督、监护、监测人员到位确认。

（二）实施抢修作业

（1）抢修条件达到要求后，抢修人员按照抢修方案，实施抢修作业。

（2）修复质量验收，包括焊缝质量检测、气密试验等安全测试。

（3）后续监测。24 小时之内对修复工艺进行全面复查，一周之内每天对泄漏部位再次进行复查。

（三）特别说明

应特别注意应急处置过程中引发次生灾害的可能性，采取包括但不限于以下措施，保证抢修安全。

（1）处置前应做好应急抢维修的准备工作，必须使用防爆工具作业，落实安全措施，处置过程必须严格遵守维抢修操作规程。

（2）应用消防水雾对泄漏位置进行稀释。

（3）抢修人员进入作业区前应按规定穿戴防静电服、鞋及防护用具，并严禁在作业区内穿脱和摘戴；穿戴正压式呼吸器，正压式呼吸器使用时间约为40分钟。

（4）作业现场应有专人监护，严禁单独操作。

（5）抢修作业过程中，应防止LPG快速气化造成人员冻伤。

六、恢复供气

应按《城镇燃气设施运行、维护和抢修安全技术规程》（CJJ 51—2016）要求，对停气的工艺设备进行安全试验和恢复供气。

处置完成后应结合实际恢复相关工艺流程，检查压力、温度等运行参数是否符合要求，检查阀门、ESD按钮和工艺设备设施运行状态，确保运行正常。

七、解除应急

（1）现场维修完毕，经持续监测泄漏区域和泄漏部位，确认燃气再无泄漏可能，宣布解除应急状态。

（2）积极配合政府和公安部门做好事故调查及责任认定。

（3）整理应急过程记录，编写现场应急工作总结报告。

（4）做好后期的舆情监测和应对，根据需要组织信息发布，说明突发事件处理完毕后的调查结果、采取的措施、善后处理的安排及预防改进措施等。

（5）根据应急职责分配，相关部门负责对总结报告中提出的改进措施落实情况进行检查和督办。

第二节　储配站装卸过程泄漏

本指导流程适用于LPG储配站槽车装卸过程中连接管路泄漏的应急处置。

LPG储配站槽车装卸过程中不明泄漏应急处置流程一般分为信息报告、应急预警、响应启动、事态控制、现场抢修、恢复供气、解除应急7个阶段。

一、信息报告

LPG储配站槽车装卸过程中发现燃气泄漏，应通过呼喊、防爆对讲机、防爆手机等方式，第一时间将具体情况（如泄漏位置、泄漏量等信息）报告给站控室，站控室及时报告站长等相关人员。

二、应急预警

站长迅速组织开展排查，查明泄漏点，快速研判事态，及时传递预警信息，开展应急准备。

（一）漏点排查

根据接到的泄漏报告信息和储配站可燃气体报警系统监测数据，组织站内值班人员携带便携式可燃气体（丙烷）检测仪（PPM级）、检漏壶、防爆扳手等工器具，从储配站用房由外向内（装卸区）排查泄漏点。根据声光报警器的位置、站控室提供的可燃气体报警器的编号位置、燃气泄漏区域的声音、气味和风向条件，探边检测空气中可燃气体浓度，查明具体泄漏位置和泄漏程度（浓度）。

（二）初步研判

根据槽车、装卸鹤管、气液相管路等的工艺流程、泄漏位置、严重程度、影响范围和可控性，结合响应分级明确的条件，初步研判突发事件级别。

三、响应启动

（1）站长组织厂站应急处置人员按照应急处置方案开展应急处置。厂站应急处置以第一时间控制事态为目标，视情况申请启动上级单位应急响应或协调抢险救援队等应急工作组支援。

（2）厂站应急处置人员迅速组织疏散储配站内泄漏区域的非应急抢险人员，同时利用储配站围墙等开展泄漏区域警戒。必要时，可根据燃气浓度检测情况，将警戒区域由厂站扩大到厂站周边，并随时监测周围环境的燃气浓度。

（3）警戒区域内，严禁明火。在现场应急指挥员发出明确指令前，严禁断电。

四、事态控制

（一）泄漏控制

（1）LPG储配站槽车装卸过程中发生泄漏时，首先可通过急停按钮停止槽车的充装操作，关闭充装管线相关阀门，控制所有槽车及充装口上的阀门，关闭通向槽车的液相和气相阀门。

（2）如为设有根部阀的仪表设备接口或法兰泄漏，应关闭根部阀，切断泄漏源。

（3）如槽车连接管路泄漏且安全阀起跳，应立即打开液相放空阀，同时接通气相放空管线，对槽车进行降压，使安全阀回座。

（4）如槽车液相阀泄漏，应关闭车上的紧急切断阀；如果无效，应将车上的液相通过气相增压的方式倒入另一辆槽车（倒料），同时对导入的槽车进行气相放空，以提高倒入速度。倒料完成后，对事故车辆进行气相放空。

（二）环境控制

（1）现场应急处置时，要对泄漏区域周边进行实时可燃气体监测，根据风向实时调整监测位置，确保监测位置处于下风向。

（2）对现场所有相邻的阀门井、污水井、电缆井等地下管沟和设施进行排查，使用可燃气体检测仪进行燃气浓度检测，严密排查燃气窜入相邻区域的可能性。

（3）如发生大量泄漏，在疏散人员的同时，应尽快用消防水雾和防爆风机稀释泄漏物，防止形成爆炸环境。

（三）响应升级

观察事态变化，保持信息畅通，动态反馈现场情况和事态控制情况。如储配站自身不具备泄漏设备的维抢修能力，应及时申请启动公司应急响应或协调公司维抢修队提供应急支援。

五、现场抢修

抢修应结合现场情况，组织制定抢修实施方案。在进行抢修前，应进行技术交底，抢修过程要动态开展风险评估，注意抢修作业方式，避免发生次生或衍生事故。处置完成后，应恢复工艺流程，确保监测仪表、辅助生产设备等恢复正常。

（一）确认抢修条件

（1）可燃气体浓度确认。

（2）机具配备确认。

（3）人员能力确认。

（4）作业环境确认。

（5）安全防护措施落实确认。

（6）监督、监护、监测人员到位确认。

（二）实施抢修作业

（1）抢修条件达到要求后，抢修人员按照抢修方案，实施抢修作业。

（2）修复质量验收，包括焊缝质量检测、气密试验等安全测试。

（3）后续监测。24 小时之内对修复工艺进行全面复查，一周之内每天对泄漏部位再次进行复查。

（三）特别说明

应特别注意应急处置过程中引发次生灾害的可能性，采取包括但不限于以下措施，保证抢修安全。

（1）处置前应做好应急抢维修的准备工作，必须使用防爆工具作业，落实安全措施，处置过程必须严格遵守维抢修操作规程。

（2）应用消防水雾对泄漏位置进行稀释。

（3）抢修人员进入作业区前应按规定穿戴防静电服、鞋及防护用具，并严禁在作业区内穿脱和摘戴；穿戴正压式呼吸器，应考虑进出现场时间，正压式呼吸器使用时间约为 40 分钟。

（4）作业现场应有专人监护，严禁单独操作。

（5）抢修作业过程中，应防止 LPG 快速气化造成人员冻伤。

六、恢复供气

应按《城镇燃气设施运行、维护和抢修安全技术规程》（CJJ 51—2016）要求，对停气的工艺设备进行安全试验和恢复供气。

处置完成后应结合实际恢复相关工艺流程，检查压力、温度等运行参数是否符合要求，检查阀门、ESD 按钮和工艺设备设施运行状态，确保运行正常。

七、解除应急

（1）现场维修完毕，经持续监测泄漏区域和泄漏部位，确认燃气再无泄漏可能，宣布解除应急状态。

（2）积极配合政府和公安部门做好事故调查及责任认定。

（3）整理应急过程记录，编写现场应急工作总结报告。

（4）做好后期的舆情监测和应对，根据需要组织信息发布，说明突发事件处理完毕后的调查结果、采取的措施、善后处理的安排及预防改进措施等。

（5）根据应急职责分配，相关部门负责对总结报告中提出的改进措施落实情况进行检查和督办。

第三节　灌装站灌装过程泄漏

本指导流程适用于 LPG 灌装站灌装过程中不明泄漏的应急处置。

LPG 灌装站灌装过程中不明泄漏应急处置流程一般分为信息报告、应急预警、响应启动、事态控制、现场抢修、恢复供气、解除应急 7 个阶段。

一、信息报告

LPG 灌装站充装人员例行检查、可燃气体报警系统、灌装站学习观摩或承包商作业人员等发现不明燃气泄漏，应通过呼喊、防爆对讲机、防爆手机等方式，第一时间将具体情况（泄漏位置、泄漏量等信息）报告给站控室，站控室及时报告站长等相关人员。

二、应急预警

站长启动灌装站应急响应，迅速组织开展排查，查明泄漏点，快速研判事态，及时传递预警信息，开展应急准备。

（一）漏点排查

充分利用接到的泄漏报告信息和灌装站可燃气体报警系统监测数据，组织站内值班人员携带便携式可燃气体（丙烷）检测仪（PPM 级）、检漏壶、防爆扳手等工器具，从罐瓶间最近使用的充装设备和充装钢瓶开始，根据声音、气味逐个检查接口，检测接口附近可燃气体浓度，查明具体泄漏位置、泄漏程度（浓度）。

（二）初步研判

根据罐瓶间或钢瓶泄漏位置、严重程度、影响范围和可控性，结合响应分级明确的条件，初步研判突发事件级别。

三、响应启动

（1）站长组织厂站应急处置人员按照应急处置方案开展应急处置。厂站应急处置以第一时间控制事态为目标，视情况申请启动上级单位应急响应或协调抢险救援队等应急工作组支援。

（2）厂站应急处置人员迅速组织疏散灌装站内泄漏区域的非应急抢险人员，同时利用灌装站围墙等开展泄漏区域警戒。必要时可根据燃气浓度检测情况将警戒区域由厂站扩大到厂站周边，并随时监测周围环境的燃气浓度。

（3）警戒区域内，严禁明火，在现场应急指挥员作出明确指令前严禁断电。

四、事态控制

（一）事态控制

（1）如泄漏位置为灌装机或充装枪接口，应立刻关闭上游阀门，切断泄漏源。

（2）如泄漏位置为正在充装的钢瓶，应立即将钢瓶移至平台通风处，并使用角阀堵头对角阀进行堵塞。

（二）响应升级

观察事态变化，保持信息畅通，动态反馈现场情况和事态控制情况。如灌装站自身不具备泄漏设备的维抢修能力，应及时申请启动公司应急响应或协调公司维抢修队提供应急支援。

五、现场抢修

抢修应结合现场情况，组织制定抢修实施方案。在进行抢修前，应进行技术交底，抢修过程要持续、动态开展风险评估，注意抢修作业方式，避免发生次生或衍生事故。处置完成后，应恢复工艺流程，确保监测仪表、辅助生产设备和自用气等恢复正常。

（一）确认抢修条件

（1）可燃气体浓度确认。

（2）初步抢险方案确认。

（3）机具配备确认。

（4）人员能力确认。

（5）作业环境确认。

（6）安全防护措施落实确认。

（7）监督、监护、监测人员到位确认。

（二）实施抢修作业

（1）抢修条件达到要求后，抢修人员按照抢修方案，实施抢修作业。

（2）修复质量验收，包括焊缝质量检测、气密试验等安全测试。

（3）后续监测。24 小时之内对修复工艺进行全面复查，一周之内每天对泄漏部位再次进行复查。

（三）特别说明

使用高压胶管实施钢瓶之间的直接倒罐仅限于应急处置时操作，严禁正常作业期间进行该操作。倒罐作业过程中要做好现场的监护工作，谨防胶管破裂导致液化气大量泄漏。

六、恢复供气

应按《城镇燃气设施运行、维护和抢修安全技术规程》（CJJ 51—2016）要求，对停气的工艺设备进行安全试验和恢复供气。

处置完成后应结合实际恢复相关工艺流程，检查压力、温度等运行参数是否符合要求，检查阀门和使用燃气的生产辅助设备运行状态，确保运行正常。

七、解除应急

（1）现场维修完毕，经持续监测泄漏区域和泄漏部位，确认燃气再无泄漏可能，宣布解除应急状态。

（2）积极配合政府和公安部门做好事故调查及责任认定。

（3）整理应急过程记录，编写现场应急工作总结报告。

（4）做好后期的舆情监测和应对，根据需要组织信息发布，说明突发事件处理完毕后的调查结果、采取的措施、善后处理的安排及预防改进措施等。

（5）根据应急职责分配，相关部门负责对总结报告中提出的改进措施落实情况进行检查和督办。

第四节　零瓶配送过程泄漏

本指导流程适用于液化石油气钢瓶零瓶配送过程中钢瓶泄漏的应急处置。

LPG 钢瓶零瓶配送过程燃气泄漏应急处置流程一般分为信息报告、应急预警、响应启动、事态控制、恢复运输、解除应急 6 个阶段。

一、信息报告

LPG 钢瓶零瓶配送过程发生疑似泄漏，配送员应第一时间采取应急处置措施；如果现场泄漏情况不可控，配送人员应将具体情况（泄漏位置、泄漏量等信息）报告给应急中心，应急中心及时报告上级领导和相关应急人员。

二、应急预警

配送员迅速查明钢瓶漏点，快速研判事态，及时传递预警信息，开展应急准备。

（一）安全停靠

迅速将车辆停放在路边或紧急停车带内，没有紧急停车带的道路要尽可能靠右侧停在路边。确定停靠安全位置后立刻熄火、拉手刹。

（二）漏点排查

配送员通过听、闻和便携式可燃气体（丙烷）检测仪（PPM 级）初步断定是否为 LPG 泄漏，如确认为 LPG 泄漏，应迅速关闭泄漏钢瓶阀门。

（三）初步研判

根据泄漏位置周边环境（是否人员密集、是否敏感地区）、严重程度、影响范围和可控性，结合响应分级明确的条件，初步研判突发事件级别。

三、响应启动

（1）配送员按应急处置方案开展先期应急处置，应急处置以第一时间控制事态为目标。视情况申请启动公司应急响应或协调维抢修队应急支援。

（2）配送员迅速组织疏散配送车辆附近的人员，必要时可根据燃气浓度检测情况使用警戒带等设置警戒区域，警戒区域内严禁明火。

四、事态控制

（一）泄漏控制

（1）如为钢瓶阀门松动泄漏，应迅速拧紧阀门。

（2）如发生交通事故导致钢瓶损坏泄漏（瓶体变形或角阀无法关闭）：①处于空旷地时，人员撤离配送车辆，疏散周边围观群众、往来车辆，同时在配送车辆周围实施警戒。②处于人员密集场所，应立即将泄漏钢瓶转移至人员空旷地点，站立放置让其稳定泄漏，疏散周边围观群众、往来车辆，同时在泄漏钢瓶周边实施警戒。

（二）信息反馈

（1）配送员观察事态变化，保持信息畅通，动态反馈现场情况和事态控制情况。

（2）供应点可调配其他配送车辆前往配送。

（三）特别说明

（1）停车位置尽可能避免高压电线、变压器等电气设施。

（2）配送员在处理事故时，应注意现场周边环境，特别是来往车辆、人员等危险因素。

五、恢复运输

现场将泄漏钢瓶带回灌装站按规定做进一步处理。恢复配送服务。

六、解除应急

（1）钢瓶泄漏处置完成后，对泄漏点周围管沟进行检测，确认无燃气浓度，即可宣布解除应急状态。

（2）积极配合政府和公安部门做好事故调查及责任认定。

（3）整理应急过程记录，编写现场应急工作总结报告。

（4）做好后期的舆情监测和应对，根据需要组织信息发布，说明突发事件处理完毕后的调查结果、采取的措施、善后处理的安排及预防改进措施等。

（5）根据应急职责分配，相关部门负责对总结报告所提出改进措施落实情况进行检查和督办。

第五节　商业用户瓶装气泄漏

本指导流程适用于使用瓶装液化石油气的公商用户餐饮用气空间液化石油气泄漏的应急处置。

商业用户瓶装 LPG 泄漏处置流程一般分为：接警报告、应急预警、响应启动、事态控制、现场抢修、恢复供气、解除应急 7 个阶段。

一、接警报告

（一）信息接收

LPG 企业应设置并对外公布 24 小时报警电话；接警电话要具有录音功能，录音存储时间不少于 30 天；接警岗位要保证 24 小时有人在岗值班。

（二）基本问询

接警人员开展基本问询，并进行事故初期画像，问询内容包括但不限于以下内容。

（1）地点：街区、地标、具体位置、店铺名称。

（2）身份：报警人姓名、电话、着装标志。

（3）周边环境：气瓶容量、是否为瓶组供气、燃气泄漏报警器是否报警、燃气泄漏气味是否明显、能否听到气流声、是否有“白烟”等液化石油气泄漏的典型特征，以及周边人群等。

（三）风险提示

接警人员应对报警人做以下风险提示。

（1）告知报警人 LPG 易燃易爆、容易在地上密闭区域聚积的危险特性。

（2）告知报警人远离有气味区域接打电话。

（3）指导报警人开窗通风、关闭气瓶（和/或瓶组）角阀切断气源。

（4）告知报警人撤离至安全区域，向上风向转移。

（5）必要时，告知报警人实施紧急避险。

（四）引导警戒

风险提示后，接警人员在征询报警人的意愿和能力的前提下，争取报警人协助开展现场引导和警戒工作。

（1）劝导店内人员、周边人群撤离或远离疑似泄漏区域。

（2）尽量维持现场警戒，限制人员及车辆进入疑似泄漏区域。

（3）协助引导机动哨兵快速抵达现场。

（五）信息报送

接警人员在接警全过程中，要及时、准确、完整地记录和整理信息，同级共享和逐级报送，对接警信息进行先期研判，便于快速、准确启动预警及响应。

（1）根据事故性质和严重程度，灵活采用信息系统、电话、呼喊、一键报警等不同方式进行信息传递。

（2）保持与报警人的联系，确保信息的及时更新和有效传递。

二、应急预警

（一）初步研判

根据泄漏量大小、钢瓶容量、用户信息（如商业综合体、餐饮店、学校）、影响范围等情况，结合预警和响应分级明确的条件，初步研判预警和响应级别。

（二）应急准备

按照初步研判结果，开展应急准备工作。

（1）第一时间派工派警。立即调派周边具备处置能力的机动哨兵快速抵达现场，并向其传递用户地点、报警人、电话、用户信息等派工信息，同步派工派警。

（2）同步应急资源准备。组织企业各相关部门依据预案规定的职责和分工要求开展相应应急准备。

（3）必要时应急联动。当初判 LPG 泄漏对周边影响较大、事发地点属于人员密集场所等情况时，立即报告政府、公安、应急、消防、交通、相关方等开展联动响应。

（三）向政府报告

事发企业应根据法律法规和当地政府规定，同时向当地政府有关部门报告突发事件信息。

（四）预警解除

当符合预警解除条件时，经核实批准后解除预警。

三、响应启动

（一）信息核实

（1）机动哨兵抵达现场后，同报警人快速对接核实信息，并确认用户前期处置是否正确和有效。

（2）当现场无报警人时，应根据派工派警指令对现场进行核实，进行事故再次画像。

（二）处置警戒

机动哨兵进入泄漏环境前，应关闭随身的手机、非防爆对讲机等，同步开展周边环境气体检测，并依据检测的燃气泄漏范围，做好禁火禁电（如有条件，在安全的地方切断电源），疏散事发现场人员，并持续开展泄漏检测、警戒。

（三）信息反馈

（1）机动哨兵现场核实后，应立即与应急中心确认响应级别，明确是否启动应急抢险队伍响应线。

（2）机动哨兵持续跟踪周边环境和事态变化，动态反馈现场事态，包括当前事态、应急处置进展情况、周边人群情况、舆情状况等。

四、事态控制

（一）泄漏控制

机动哨兵在处置警戒的同时，采取以下措施，等待抢险队伍到来做进一步处置：关闭钢瓶角阀，打开用气空间及周边所有门窗通风；如果钢瓶发生泄漏，应开窗通风后迅速撤离，扩大警戒疏散范围，切勿切断任何电源。

（二）检测探边

使用可燃气体检测仪，对上下、左右相邻用户进行不间断的全面检测，重点对所有相邻的阀门井、污水井、电缆井、与泄漏区域直接连通的贴地孔洞等进行泄漏检测，严密排查燃气窜入相邻区域的可能性。

（三）警戒疏散

1. 警戒

现场应布置警戒线及标识，拦阻外部人员、实时监控警戒区边缘的燃气浓度、监护应急抢险人员、实施交通管制等。

2. 疏散

（1）根据警戒范围，在先期处置警戒的基础上，进一步组织泄漏爆炸波及范围周边的人员有序疏散。

（2）商业用户疏散应综合考虑事件影响范围、现场疏散条件、疏散群体特质和数量等信息，由现场指挥员综合研判后，下达疏散指令，组织疏散。

（3）如有必要，需联系协调公安、交警、相关方联动开展警戒和疏散任务。

（四）着火、爆炸控制

（1）当 LPG 尚未燃烧时：①应立即关闭 LPG 钢瓶角阀，把 LPG 钢瓶拎到空旷地带站立放置；②对密闭空间，使用防爆轴流风机强制通风等方法稀释泄漏的燃气，降低燃气浓度，防止 LPG 积聚在低洼处或其他地下设施内。

（2）当 LPG 已经燃烧时，抢险队伍在消防部门的指挥下，协助开展以下工作：①在没有引燃附近可燃物的情况下，应采用喷水等方式给气瓶降温，再关闭钢瓶角阀，把 LPG 钢瓶拎到空旷地带站立放置；②当钢瓶角阀损坏失灵时，可以先灭火，再用湿抹布等物品堵住瓶口；③如果发现火焰发白并伴有“吱吱”声响，瓶体出现颤抖摇晃，这是爆炸前的征兆，应立即撤离危险区域。

（五）舆情管控

本着及时发声、消除影响、彰显责任、维护形象等原则，燃气企业应始终做好舆情监控，及时报告情况，做好媒体沟通，加强舆论引导，并及时对外发布相关信息。

（六）事故响应升级

如出现火灾、爆炸次生或衍生事故导致升级、超出本企业应急控制能力、可能波及周边区域时，LPG 企业应及时向上级公司请求支援，同时立即报告政府、应急、公安、消防、交通、相关方等开展联动响应。

五、现场抢修

将钢瓶带回灌装站按规定进行处置。

六、恢复供气

恢复供气前，应对商业用户安全用气条件进行确认，出现以下情况之一时严禁恢复供气。

（1）现场燃气浓度仍然超标。

（2）报警装置配置不足的、失效的，排风设施失效的。

（3）燃烧器具过期的、损坏仍然使用的、连接软管过期的。

（4）表具、管道暗封暗埋、预留口未封堵、未做防腐的。

（5）其他重大安全隐患未整改完成的。

（6）主管部门下达停止复气通知的。

七、解除应急

（1）现场事态得到有效控制，经持续监测泄漏区域、部位，确认 LPG 再无泄漏可能，宣布解除应急状态。

（2）积极配合政府和公安部门做好事故调查及责任认定。

（3）整理应急过程记录。

（4）做好后期的舆情监测和应对，根据需要组织信息发布，说明突发事件处理完毕后的调查结果、采取的措施、善后处理的安排及预防改进措施等。

（5）根据应急职责分配，相关部门负责对总结报告所提出改进措施落实情况进行检查和督办。

第六节　居民用户瓶装气泄漏

本指导流程适用于用户端居民（含农村用户）户内瓶装液化气泄漏的应急处置。

用户端居民（含农村用户）户内 LPG 泄漏应急处置流程一般分为接警报告、应急预警、响应启动、事态控制、解除应急 5 个阶段。

一、接警报告

（一）信息接收

LPG 企业应设置并对外公布 24 小时报警电话；接警电话要具有录音功能，录音存储时间不少于 30 天；接警岗位要保证 24 小时有人在岗值班。

（二）基本问询

接警人员开展基本问询，并进行事故初期画像，问询内容包括但不限于以下内容。

（1）地点：街区（村庄）名称、地标。

（2）身份：报警人姓名、电话、着装标志、职业身份。

（3）周边环境：气味是否明显、能否听到气流声、是否有“白烟”等液化石油气泄漏的典型特征。

（三）风险提示

接警人员应对报警人做以下风险提示。

（1）告知报警人 LPG 易燃易爆的危险特性，现场保持禁火禁电。

（2）告知报警人远离有气味区域接打电话。

（3）指导用户端报警人开窗通风、关阀切断气源。

（4）告知报警人撤离至安全区域，向上风向转移。

（5）如发现已有人员伤亡，在专业指导下救援。

（6）必要时告知报警人实施紧急避险。

（四）引导警戒

在征询报警人的意愿和能力的前提下，争取报警人协助开展警戒工作。告知报警人在楼下等待，协助引导机动哨兵快速抵达现场。

（五）信息报送

接警人员在接警全过程中，要及时、准确、完整地记录和整理信息，同级共享和逐级报送，对接警信息进行先期研判，便于快速、准确启动预警及响应。

（1）根据事故性质和严重程度，灵活采用信息系统、电话、呼喊、一键报警等不同方式进行信息传递。

（2）保持与报警人的联系，确保信息的及时更新和有效传递。

二、应急预警

（一）初步研判

根据泄漏量大小、钢瓶容量、影响范围等情况，结合预警和响应分级明确的条件，初步研判预警和响应级别。

（二）应急准备

按照初步研判结果开展应急准备工作。

（1）第一时间派工派警：立即调派周边具备处置能力的周边机动哨兵快速抵达现场，并向其传递用户地点、报警人姓名、用户信息等派工信息，同步派工派警。

（2）同步应急资源准备：组织企业各相关部门依据预案规定的职责和分工要求开展相应应急准备。

（3）必要时应急联动：必要时报告政府、应急、消防、交通、相关方等开展联动响应。

（三）向政府报告

事发企业应根据法律法规和当地政府规定，同时向当地政府有关部门报告突发事件信息。

（四）预警解除

当符合预警解除条件时，经核实批准后，实施预警解除。

三、响应启动

（一）信息核实

机动哨兵抵达现场后，同报警人快速对接核实信息，并确认用户前期处置是否正确和有效。

（二）处置警戒

机动哨兵进入泄漏环境前，应关闭随身的手机、非防爆对讲机等，同步开展周边环境气体检测，在保证自身安全的前提下，采取开窗通风、关闭钢瓶角阀，依据初步检测的燃气泄漏范围，做好禁火禁电（如有条件，在安全的地方切断电源），疏散事发现场人员，并持续开展泄漏检测、警戒。

（三）信息反馈

（1）机动哨兵现场核实后，应立即与应急中心确认响应级别。

（2）机动哨兵持续跟踪周边环境和事态变化，动态反馈现场事态，包括当前事态、应急处置进展情况、周边人群情况、舆情状况等。

四、事态控制

（一）泄漏控制

机动哨兵在到达现场实施处置警戒的同时，采取以下措施，等待应急抢险队伍到来做进一步处置：关闭钢瓶角阀，打开用气空间及周边所有门窗通风；如钢瓶发生泄漏，机动哨兵应开窗通风后迅速撤离，扩大警戒疏散范围，切勿切断任何电源。

（二）检测探边

应急抢险队伍应使用可燃气体检测仪，对同楼栋用户进行不间断的全面检测，重点对所有楼栋管道井、电缆井、与泄漏区域直接连通的贴地孔洞、地下室等进行泄漏检测，严密排查燃气窜入相邻区域的可能性。

（三）警戒疏散

（1）警戒。警戒疏散组在警戒区外围警戒，布置警戒线及标识，拦阻外部人员、实时监控警戒区边缘的燃气浓度、监护应急抢险人员、实施交通管制等。

（2）疏散。当检测到燃气未扩散到泄漏户以外区域，要疏散泄漏户所在单元的人员；当检测到燃气扩散到楼道、电梯井等泄漏户以外区域时，要疏散泄漏户整栋楼的人员。如有必要，需联系协调公安、交警、相关方联动开展警戒和疏散任务。

（四）着火、爆炸控制

（1）当 LPG 尚未燃烧时：①应立即关闭 LPG 钢瓶角阀，把 LPG 钢瓶拎到空旷地带站立放置；②对密闭空间，使用防爆轴流风机强制通风等方法稀释泄漏的燃气，降低燃气浓度，防止 LPG 积聚在低洼处或其他地下设施内。

（2）当 LPG 已经燃烧时，抢险队伍在消防部门的指挥下，协助开展以下工作：①在没有引燃附近可燃物的情况下，应采用喷水等方式给气瓶降温，再关闭钢瓶角阀，把 LPG 钢瓶拎到空旷地带站立放置；②当钢瓶角阀损坏失灵时，可以先灭火，再用湿抹布等物品堵住瓶口；③如果发现火焰发白并伴有“吱吱”声响，瓶体出现颤抖摇晃，这是爆炸前的征兆，应立即撤离危险区域。

（五）舆情管控

本着及时发声、消除影响、彰显责任、维护形象等原则，燃气企业应始终做好舆情监控，及时报告情况，做好媒体沟通，加强舆论引导，并及时对外发布相关信息。

（六）响应升级

如出现火灾、爆炸等次生或衍生事故导致升级、超出本企业应急控制能力、可能波及周边区域时，LPG 企业应及时向上级公司请求支援，同时立即报告政府、应急、消防、交通、相关方等开展联动响应。

五、解除应急

（1）现场事态得到有效控制，经持续监测泄漏区域、部位，确认 LPG 已全部逸散，宣布解除应急状态。

（2）积极配合政府和公安部门做好事故调查及责任认定。

（3）整理应急过程记录。

（4）做好后期的舆情监测和应对，根据需要组织信息发布，说明突发事件处理完毕后的调查结果、采取的措施、善后处理的安排及预防改进措施等。

（5）根据应急职责分配，相关部门负责对总结报告所提出改进措施落实情况进行检查和督办。

附录1　常用应急装备物资配备参考

附表1给出了机动哨兵、应急处置专员、抢险队伍三类应急力量的城镇燃气泄漏突发事件事态控制过程中常用应急物资装备配备参考。

附表1　城镇燃气泄漏突发事件事态控制过程中常用应急物资装备配备一览表

序号	应急力量	工器具名称	单位	数量
1	机动哨兵	安全帽	顶	1
2		反光背心	件	1
3		四合一气体检测仪	台	1
4		警示带	盘	1
5		警示旗	面	1
6		喊话器	个	1
7		阀井钩子	个	1
8		阀井钥匙	把	≥1
9		对讲机	部	1
10	应急处置专员	安全帽	顶	1
11		反光背心	件	1
12		便携式激光甲烷检测仪	台	1
13		防爆对讲机	部	1
14		防爆手机	部	1
15		防爆喊话器	部	1
16		防爆执法仪	部	1
17		防爆活动扳手	个	≥1
18		便携式风向标	个	1

附表1（续）

序号	应急力量	工器具名称		单位	数量
19	应急处置专员	警戒带		盘	1
20		调压箱钥匙		把	≥1
21	抢险队伍	检测监测类	四合一气体检测仪	台	≥2
22			乙烷气体检测仪	台	≥1
23			四氢噻吩检测仪	台	≥1
24			激光遥距检测仪	台	≥1
25			执法仪	部	≥2
26			风向标	个	≥1
27		警戒类	警戒带	盘	≥2
28			警示牌	台	≥2
29			锥形事故桩	个	≥6
30			喊话器	个	≥2
31		信息通信类	对讲机	部	1部/人
32			手持机（生产管理系统）	部	≥1
33		照明类	移动式照明设备（防爆型）	具	≥2
35		工器具	木制堵漏楔	套	≥1
36			带压封堵夹具	套	≥1
37			止气夹（夹管器）	个	≥1
38			发电机	台	≥1
39			配电箱	台	≥1
40			注氮设备（加香精）	台	1
41			壁厚检测仪	部	1
42			路面打孔机	台	1
43			防爆轴流风机（含配套送风长管）	台	≥1

附表1（续）

序号	应急力量	工器具名称		单位	数量
44	抢险队伍	工器具	便携式放散管	个	≥2
45			临时静电释放桩	个	≥2
46			移动式放散塔	个	≥2
47			车辆阻火器	个	≥2
48			三脚架	个	≥1
49			防爆工具	套	≥1
50			割刀	把	≥2
51			开孔机	台	≥1
52			电焊机	台	≥1
53			电熔焊机	台	≥1
54			热熔焊机	台	≥1
55			切割机	台	≥1
56			水泵	台	≥1
57			泥浆泵	台	≥1
58			角磨机	台	≥1
59			空压机	台	≥1
60		个体防护类	安全帽	顶	1顶/人
61			反光背心	件	1件/人
62			全身式安全带	件	≥2
63			长管式空气呼吸器	套	≥2
64			消防防火服	套	≥1
65		消防器材	手提式干粉灭火器（8 kg）	个	≥2

附录2 城镇燃气泄漏突发事件接警问询规范用语指引

一、场景判断规范用语指引

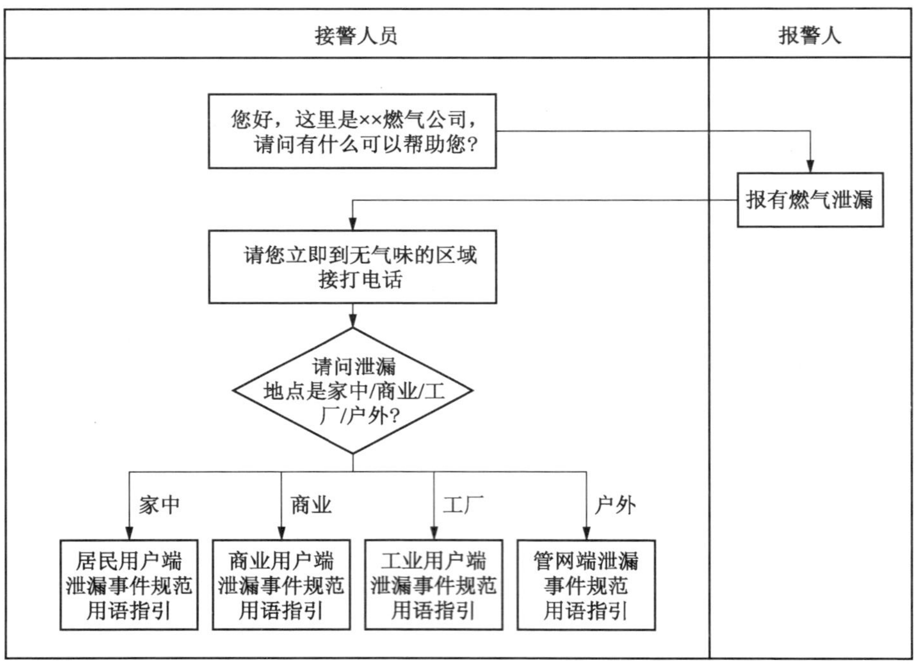

二、居民用户端泄漏事件规范用语指引

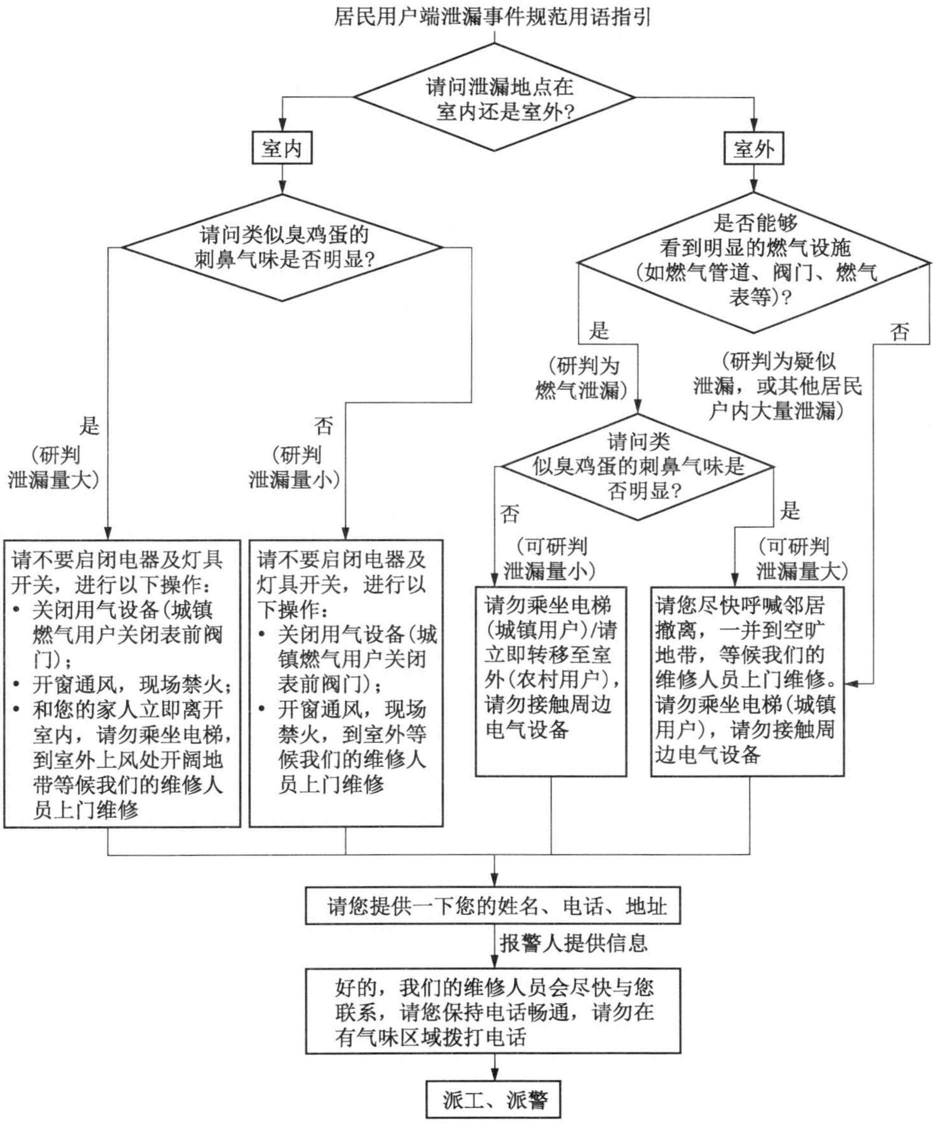

三、商业用户端泄漏事件规范用语指引

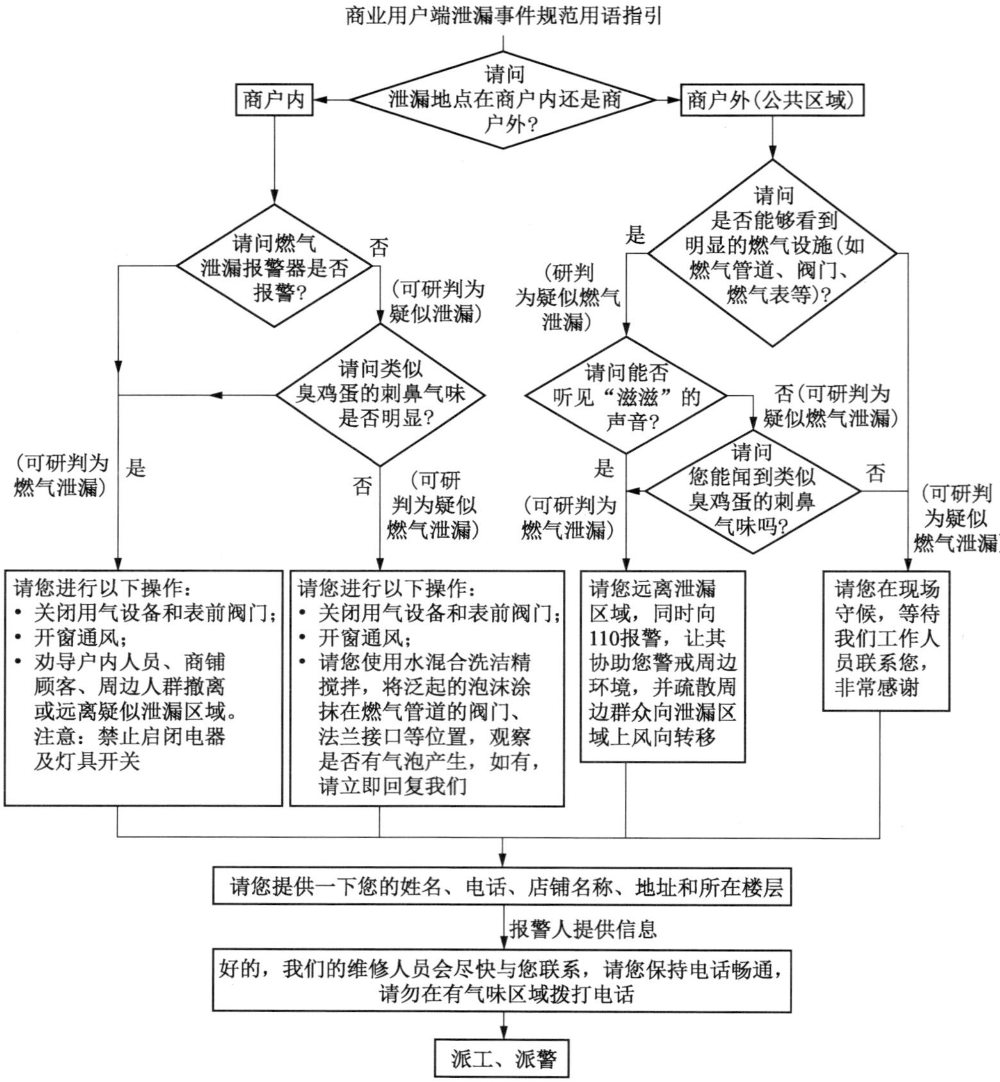

四、工业用户端泄漏事件规范用语指引

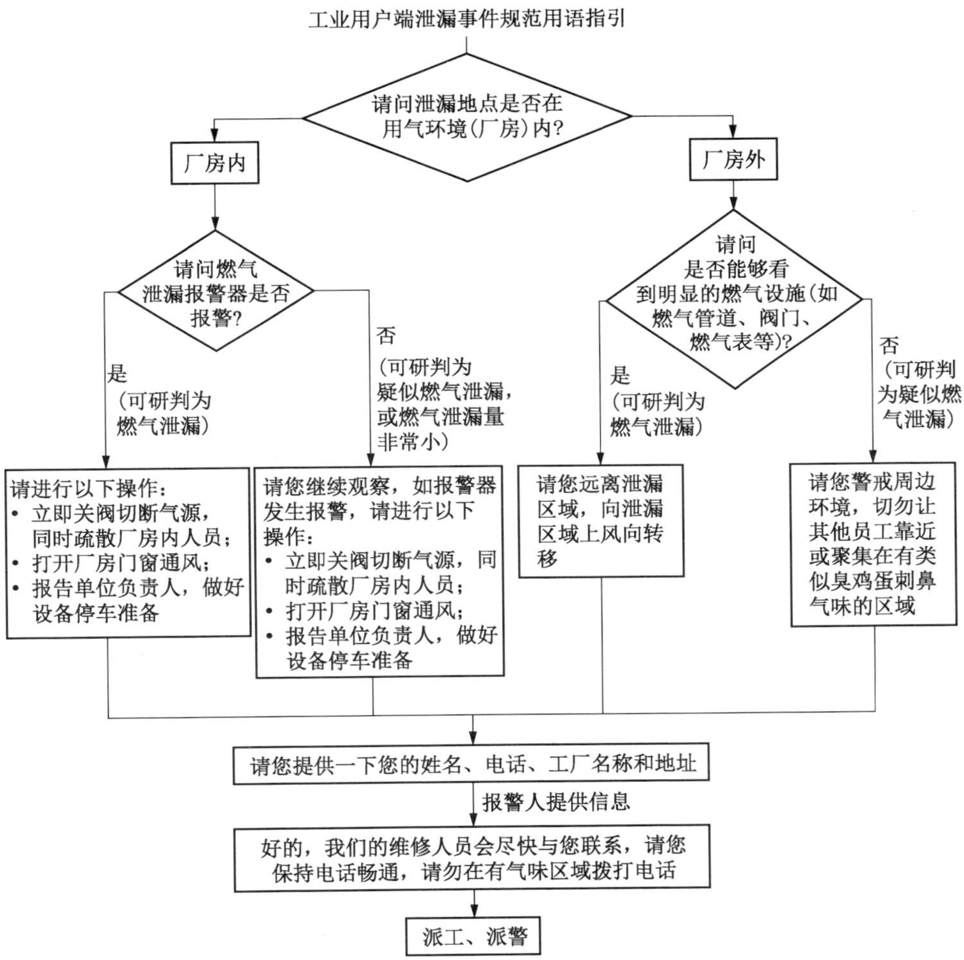

五、管网端泄漏事件规范用语指引

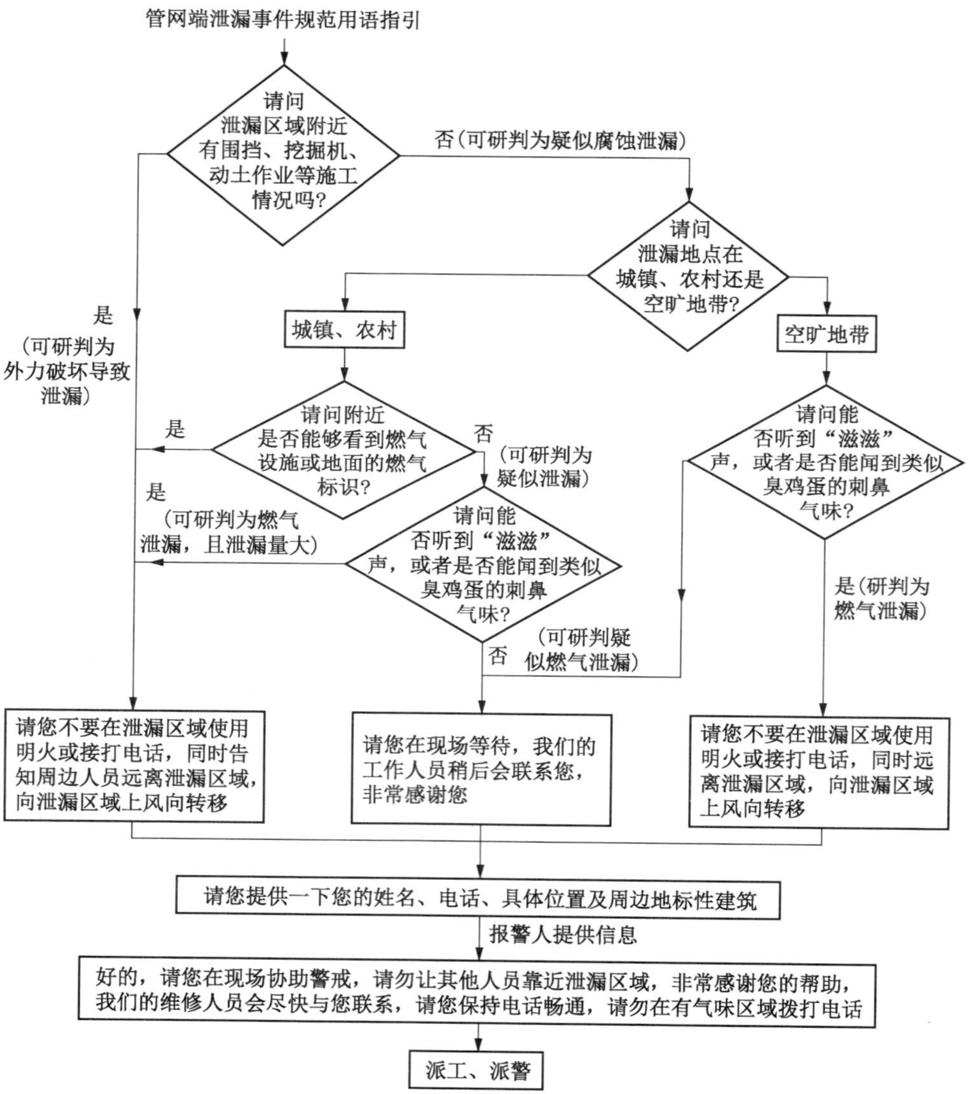

附录3　城镇燃气突发事件应急处置指导流程图（基础版）

阶段	应急处置流程	应急处置要点	应急处置工器具配备建议
接警报告	信息接收：设置24小时接警电话 → 基本问询：询问地点、周边环境等，初步研判事态 → 风险提示：告知风险、引导处置、指导避险 → 引导警戒：争取并引导报警人协助警戒，以第一时间控制事态 → 信息报送：同级、逐级报送，以快速预警或响应	• 基本问询：询问地点、报警人身份、周边环境信息。 • 风险提示：告知燃气易燃易爆的特性；远离有气味区域接打电话；开窗通风、切断气源；禁火、禁止启闭任何电气开关	
应急预警	派工派警：第一时间调派机动哨兵赶赴现场，同步应急准备 研判响应级别与影响 → 事态严重	• 研判：根据事故性质、严重程度、影响范围和可控性研判。 • 应急准备：第一时间派工派警。 其他应急准备：企业各相关部门依据预案规定的职责和分工要求开展相应应急准备	
响应启动	信息核实：机动哨兵现场核实是否为燃气泄漏、事态是否严重 → 是否为燃气泄漏？ 不是燃气泄漏 → 信息反馈应急中心 是燃气泄漏 → 事态是否可控？ 事态可控 → 处置 → 信息反馈应急中心 事态严重 →	• 处置警戒：在保证自身安全的前提下处置：①管网端泄漏，充分利用周边资源，动态开展探边、疏散和警戒；②用户端泄漏，采取开窗通风、关阀（表前阀、户外调压箱等）控制泄漏等措施，并动态开展探边、疏散和警戒	• 机动哨兵工器具配备：泄漏检测仪、执法仪、警戒带、警示旗子、阀井钩子、生产管理系统手持机、管网图、维修堵漏工具、防爆工具、阀井钥匙、对讲机、放散管

	应急处置流程	应急处置要点	应急处置工器具配备建议
响应启动	处置警戒：机动哨兵开展检测探边、先期处置、疏散警戒 信息反馈：机动哨兵向应急中心动态反馈现场事态 启动抢险队伍响应	• 信息反馈：保持与应急中心专线联系，排除其他线路干扰	
事态控制	信息确认：燃气特种兵、抢险队伍与机动哨兵快速对接，确认信息 ↓ 事态控制： • 检测探边：确认泄漏范围、检测燃气浓度。 • 警戒疏散：疏散周边群众、避免事态升级。 • 舆情管控：加强舆论引导、消除不利影响。 • 泄漏控制：控阀停气降压、控制泄漏源头。 • 稀释放散：稀释放散燃气、降低环境浓度。 • 应急供气保障：启动应急供气、减轻事件后果。 • 响应升级：事件升级失控、启动联动响应	• 检测探边：禁火禁电，开展气体检测，查找划定达到燃气爆炸下限20%(即1%VOL)的边界和燃气浓度为0的边界，包括：① 地上探边，包括楼道、户内、停靠车辆等内部区域及绿化带、道路等外部区域；②地下探边，包括地下室、半地下室等区域；③沟井管道探边：包括上水、下水、暖气、电力、电信等全部阀井、窨井，对发现有燃气浓度的井，应沿敷设管线向外扩展探测，查找燃气窜气蔓延的边界；④ 检测探边应重点关注“两高一密闭”敷设有套管的管道井和特殊敏感区域。 • 警戒疏散：① 爆炸下限20%(1%VOL)为边界划定区域，应布置警戒线及警示标识、实施燃气浓度检测监控、风向监控、入口设置静电释放装置，区域内应采取进入许可、作业审批等安全措施；② 爆炸波及范围为人员疏散区，实行外围警戒、风向监控、动态监测、禁入措施。 • 泄漏控制：① 户内泄漏优先采取关阀停气控制泄漏；② 户外泄漏视情况采取临时封堵、关阀停气、控阀降压措施控制泄漏。 • 稀释放散：对泄漏区域周边建筑物、管沟、阀井、窨井、检测探孔等采取自然开放通风(如开盖通气)、防爆轴流风机强制通风等方法放散泄漏的燃气，降低燃气浓度	• 抢险队伍工器具配备(按处置任务划分)： (1)检测探边：泄漏检测仪、执法仪、对讲机、激光遥距检测仪、路面打孔机、注氮设备(加香精)、手持机(生产管理系统)、移动式照明设备、乙烷分析仪、风向标、警戒带、警示牌、路锥、无人机检测、检测机器人、色谱分析仪、吸真空泵。 (2)控阀作业：泄漏检测仪、执法仪、对讲机、阀井钩子、阀井钥匙、全身式安全带、三脚架、防爆工具、长管式空气呼吸器、警戒标志，手持机（生产管理系统）、防爆轴流风机、发电机、生命追踪器、防火服。 (3)放散作业：泄漏检测仪、执法仪、对讲机、便携式放散管、临时静电释放桩、移动式放散塔、灭火器、风向标、防爆轴流风机、发电机、阻火器(法兰连接在放散管上)。 (4)禁火：泄漏检测仪、执法仪、对讲机、车辆阻火器、临时静电释放桩、防爆工具、灭火器。 (5)撤人：执法仪、对讲机、扩音喇叭、指引旗、泄漏范围计算数据模型、防爆扩音喇叭、手动报警器、担架、急救箱、伤员运送车。 (6)警戒：泄漏检测仪、执法仪、对讲机、警戒带、警示牌、路锥、支架、手持机(生产管理系统)、外围声光警戒。 (7)现场舆论控制：执法仪；应急通信车、工业视频监控

	应急处置流程	应急处置要点	应急处置工器具配备建议
现场抢修	是否已知漏点 → 未知漏点 → **查漏**：抢险队伍查找漏点；注意第二漏点；已知漏点 → **现场抢修**： • 制定抢修方案：结合现场环境和专家意见制定抢修方案，并进行技术交底。 • 确认抢修条件：对作业环境、作业人员、作业工具、安全措施进行确认。 • 实施抢修作业：实施抢修作业和质量验收，并开展后续监测	• 抢修全过程要动态开展风险评估，关注周边燃气浓度变化，控制人员进场。 • 查漏：① 用户端采用肥皂水查漏、燃气浓度检测、分段打压查漏法等方法；② 管网端可综合运用压力检测、流量监测、燃气浓度检测、中心区域钻孔取样检测、循迹检测、观察土壤变化、分段打压查漏法、挖探坑查漏法、探坑注水查漏法、添加香味剂颜色剂、排查焊点法等方法；③注意考虑第二泄漏点。 • 实施抢修作业：① 修复质量验收(包括严密性试验、压力试验等安全测试)；② 后续监测：24小时之内对修复泄漏部位进行全面检测，一周之内再次进行复查	• 抢险队伍工器具配备(按处置任务划分)：泄漏检测仪、执法仪、对讲机、发电机、焊机、PE焊接机、抽水泵、铁锹、挖机、移动照明设备、割管机、围挡、防爆工具、灭火器、堵漏夹具、临时堵漏工具、止气夹(PE管)、断管设施(气焊、割管器等器材)、呼吸器、防爆油、壁厚检测仪器、封堵设备、注脂套管等补强工具、介质引流工具、爬管机
恢复供气	**复气**：应按CJJ51要求，对受影响场所的燃气设备设施进行安全试验、恢复供气	以下情况严禁恢复供气：① 抢修现场曾检测有燃气浓度显示，但没有找到泄漏原因；② 抢修现场发现漏点后，泄漏没有彻底处理或根源没有消除的；③ 抢修现场燃气浓度仍然超标；④ 没有进行置换通气前的安全检查和试验；⑤ 没有通知相关用户的；⑥ 用户不具备安全用气条件的	• 抢险队伍工器具配备(按处置任务划分)：泄漏检测仪、执法仪、对讲机、手持机(生产管理系统)、空压机、氮气车、超声波探伤仪器、渗透检测套装
解除应急	响应结束		
后期处置	善后处置；事故调查；应急救助		

附录4　城镇燃气管网端（城镇街道）燃气泄漏处置指导流程图

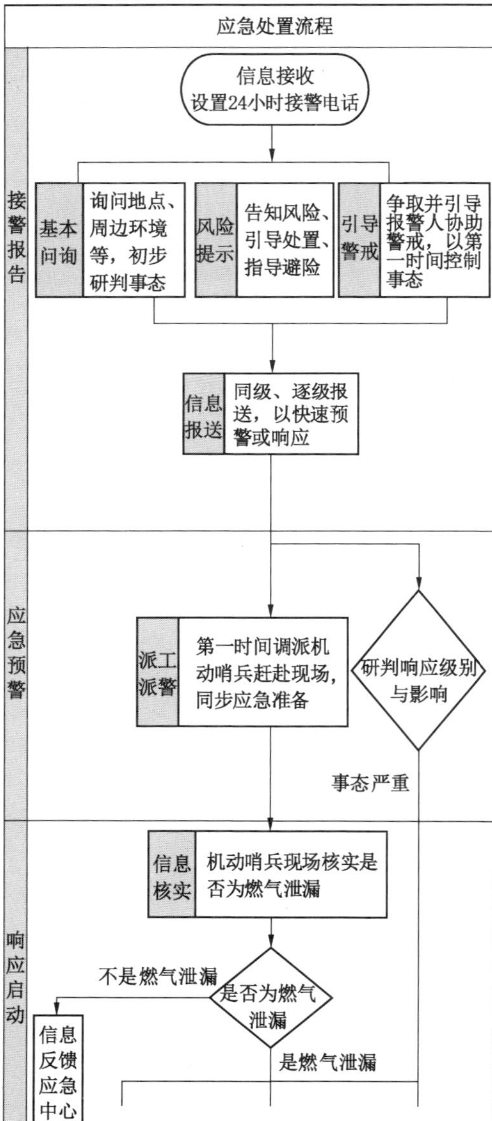

阶段	应急处置要点	应急处置工器具配备建议
接警报告	• 基本问询：询问地点、报警人身份、是否有施工动土、人员伤亡、是否有明显燃气泄漏。 • 风险提示：告知燃气易燃易爆的特性、现场保持禁火禁电；远离有气味区域接打电话；必要时告知报警人实施紧急避险。 • 引导警戒：劝导周边人群撤离或远离疑似泄漏区域；尽量维持现场警戒，限制人员及车辆进入疑似燃气泄漏区域；疑似泄漏位置邻近道路的，应指导报警人尽可能疏散车辆，封锁道路。 • 信息报送：当确认为燃气泄漏，接警人应立即拨打110报警，请求赶赴事发地点疏散人群	
应急预警	• 研判：根据事故性质、严重程度、影响范围和可控性研判。 • 应急准备：第一时间派工派警。 • 其他应急准备：企业各相关部门依据预案规定的职责和分工要求开展相应应急准备	
响应启动	• 信息核实：确认为燃气泄漏，立即启动抢险队伍响应线。 • 处置警戒：在保证自身安全的前提下，尽可能疏散现场，110到达现场后，立即请求110协助警戒疏散，并进一步封锁道路	• 机动哨兵工器具配备：泄漏检测仪、警示带、警示旗、喊话器、阀井钩子、阀井钥匙、对讲机

阶段	应急处置流程	应急处置要点	应急处置工器具配备建议
响应启动	处置警戒：机动哨兵开展检测探边、先期处置、疏散警戒 信息反馈：机动哨兵向应急中心动态反馈现场事态 启动抢险队伍响应	• 信息反馈：保持与应急中心专线联系，排除其他线路干扰	
事态控制	↓ 信息确认：燃气特种兵、抢险队伍与机动哨兵快速对接，确认信息 ↓ 事态控制： • 检测探边：确认泄漏范围、检测燃气浓度。 • 警戒疏散：疏散周边群众、避免事态升级。 • 舆情管控：加强舆论引导、消除不利影响。 • 泄漏控制：控阀停气降压、控制泄漏源头。 • 稀释放散：稀释放散燃气、降低环境浓度。 • 应急供气保障：启动应急供气、减轻事件后果。 • 响应升级：事件升级失控、启动联动响应	• 检测探边：禁火禁电，开展气体检测，查找划定达到燃气爆炸下限20%(即1%VOL)的边界和燃气浓度为0的边界，包括：①地上探边，包括临街商铺、停靠车辆等内部区域及绿化带、道路等外部区域；②地下探边，包括地下室、半地下室等区域；③沟井管道探边，包括给水、暖气、电力、电信等全部阀井、窨井、地下综合管廊，对发现有燃气浓度的井，应沿敷设管线向外扩展探测，查找燃气窜气蔓延的边界；④检测探边应重点关注“两高一密闭”、敷设有套管的管道井和特殊敏感区域。 • 警戒疏散：①爆炸下限20%(1%VOL)为高风险区域，应布置警戒线及警示标识、实施燃气浓度检测监控、风向监控、入口设置静电释放装置，区域内应采取进入许可、作业审批等安全措施；②爆炸波及范围为人员疏散区，实行外围警戒、风向监控、动态监测、进入许可等措施。 • 泄漏控制：①优先采取关阀停气措施，关闭泄漏管段上、下游阀门控制局面。如果是不明泄漏，关阀的同时应通过压力检测判定泄漏管段的位置，确定泄漏管段后进行主动放散；②如采取控阀降压措施，应有专人和专用装置监控燃气压力变化(根据不同燃气种类，控制在300～800 Pa范围)，降压过程中应控制降压速度，严禁管道内产生负压。 • 稀释放散：对泄漏区域周边建筑物、管沟、阀井、窨井、检测探孔等采取自然开放通风(如	• 燃气特种兵工器具配备：便携式激光甲烷检测仪、防爆对讲机、防爆手机、防爆喊话器、防爆执法仪、防爆活动扳手、便携式风向标、警示带、调压箱钥匙。 • 抢险队伍工器具配备(按处置任务划分)： (1)检测探边：泄漏检测仪、执法仪、对讲机、激光遥距检测仪、路面打孔机、注氮设备(加香精)、手持机(生产管理系统)、移动式照明设备、乙烷分析仪、风向标、警戒带、警示牌、路锥、无人机检测、检测机器人、色谱分析仪、吸真空泵。 (2)控阀作业：泄漏检测仪、执法仪、对讲机、阀井钩子、阀井钥匙、全身式安全带、三脚架、防爆工具、长管式空气呼吸器、警戒标志、手持机(生产管理系统)、防爆轴流风机、发电机、生命追踪器、防火服。 (3)放散作业：泄漏检测仪、执法仪、对讲机、便携式放散管、临时静电释放桩、移动式放散塔、灭火器、风向标、防爆轴流风机、发电机、阻火器(法兰连接在放散管上)。 (4)禁火：泄漏检测仪、执法仪、对讲机、车辆阻火器、临时静电释放桩、防爆工具、灭火器。 (5)撤人：执法仪、对讲机、扩音喇叭，指引旗、泄漏范围计算数据模型、手动防爆扩音喇叭、警报器、担架、急救箱、伤员运送车。 (6)警戒：泄漏检测仪、执法仪、对讲机、警戒带、警示牌、路锥、支架、

	应急处置流程	应急处置要点	应急处置工器具配备建议
事态控制		开盖通气)、防爆轴流风机强制通风等方法放散泄漏的燃气，尽量避免泄漏点周围燃气的浓度上升、泄漏范围扩大	手持机(生产管理系统)、外围声光警戒。 (7)现场舆论控制：执法仪、应急通信车、工业视频监控
现场抢修	是否已知漏点 [未知漏点] 查漏：抢险队伍查找漏点；注意第二漏点 [已知漏点] 现场抢修： • 制定抢修方案：结合现场环境和专家意见制定抢修方案，并进行技术交底。 • 确认抢修条件：对作业环境、作业人员、作业工具、安全措施进行确认。 • 实施抢修作业：实施抢修作业和质量验收，并开展后续监测	• 抢修全过程要动态开展风险评估，关注周边燃气浓度变化，控制人员进场。 • 查漏：①综合运用压力检测、流量监测、燃气浓度检测、中心区域钻孔取样检测、循迹检测、观察土壤变化、分段打压查漏法、挖探坑查漏法、探坑注水查漏法、添加香味剂颜色剂、排查焊点法等方法；②注意考虑第二泄漏点。 • 实施抢修作业：①修复质量验收(包括严密性试验、压力试验等安全测试)；②后续监测：24小时之内对修复泄漏部位进行全面检测，一周之内再次进行复查	• 抢险队伍工器具配备(按处置任务划分)：泄漏检测仪、执法仪、对讲机、发电机、焊机、PE焊接机、抽水泵、铁锹、挖机、移动照明设备、割管机、围挡、防爆工具、灭火器、漏夹具、临时堵漏工具、止气夹(PE管)断管设施(汽焊、割管等器材)、呼吸器、防爆油、壁厚检测仪器；封堵设备、注脂套管等补强工真、介质引流工具、爬管机
恢复供气	复气：应按CJJ51要求，对受影响场所的燃气设备设施进行安全试验、恢复供气	• 以下情况严禁恢复供气：①抢修现场曾检测有燃气浓度显示，但没有找到泄漏原因；②抢修现场发现漏点后，泄漏没有彻底处理或根源没有消除的；③抢修现场燃气浓度仍然超标；④没有进行置换通气前的安全检查和试验；⑤没有通知相关用户的	• 抢险队伍工器具配备(按处置任务划分)：泄漏检测仪、执法仪、对讲机、手持机(生产管理系统)、空压机；氮气车、超声波探伤仪器、渗透检测套装
解除应急	响应结束		
后期处置	善后处置 事故调查 应急救助		

附录 5　城镇燃气管网端（空旷地区）燃气泄漏处置指导流程图

	应急处置流程	应急处置要点	应急处置工器具配备建议
接警报告	信息接收 设置24小时接警电话 ↓ 基本问询：询问地点、周边环境等，初步研判事态 风险提示：告知风险、引导处置、指导避险 引导警戒：争取并引导报警人协助警戒，以第一时间控制事态 ↓ 信息报送：同级、逐级报送，以快速预警或响应	• 基本问询：询问地点、报警人身份、是否有施工动土、人员伤亡、是否有明显燃气泄漏。 • 风险提示：告知燃气易燃易爆的特性、现场保持禁火禁电；远离有气味区域接打电话；必要时告知报警人实施紧急避险。 • 引导警戒：劝导周边人群撤离或远离疑似泄漏区域；尽量维持现场警戒，限制人员及车辆进入疑似燃气泄漏区域	
应急预警	派工派警：第一时间调派机动哨兵赶赴现场，同步应急准备 研判响应级别与影响 事态严重	• 研判：根据事故性质、严重程度、影响范围和可控性研判。 • 应急准备：第一时间派工派警。 • 其他应急准备：企业各相关部门依据预案规定的职责和分工要求开展相应应急准备	
响应启动	信息核实：机动哨兵现场核实是否为燃气泄漏 ↓ 是否为燃气泄漏 不是燃气泄漏 是燃气泄漏	•信息核实：确认为燃气泄漏，立即启动抢险队伍响应线。 •处置警戒：在保证自身安全的前提下，充分利用周边资源，动态开展探边、疏散和警戒。利用地理信息系统确定泄漏区域管道位置及详细数据，维护现场等待后援；在条件允许的情况下可开展探边工作。110到达现场后，立即请求110协助警戒	• 机动哨兵工器具配备：泄漏检测仪、警示带、警示旗、喊话器、阀井钩子、阀井钥匙、对讲机

	应急处置流程	应急处置要点	应急处置工器具配备建议
响应启动	信息反馈应急中心 处置警戒：机动哨兵开展检测探边、先期处置、疏散警戒 信息反馈：机动哨兵向应急中心动态反馈现场事态 启动抢险队伍响应	疏散，并进一步封锁道路。 •信息反馈：保持与应急中心专线联系，排除其他线路干扰	
事态控制	信息确认：燃气特种兵、抢险队伍与机动哨兵快速对接，确认信息 事态控制： •检测探边：确认泄漏范围、检测燃气浓度。 •警戒疏散：疏散周边群众、避免事态升级。 •舆情管控：加强舆论引导、消除不利影响。 •泄漏控制：控阀停气降压、控制泄漏源头。 •稀释放散：稀释放散燃气、降低环境浓度。 •应急供气保障：启动应急供气、减轻事件后果。 •响应升级：事件升级失控、启动联动响应	•检测探边：禁火禁电，开展气体检测，查找划定达到燃气爆炸下限20%(即1%VOL)的边界和燃气浓度为0的边界，包括：①地上探边，包括周边绿化带、道路等区域；②沟井管道探边，包括给水、暖气、电力、电信等全部阀井、窨井、地下综合管廊，对发现有燃气浓度的井，应沿敷设管线向外扩展探测，查找燃气窜气蔓延的边界；③检测探边应重点关注“两高一密闭”、敷设有套管的管道井和特殊敏感区域。 •警戒疏散：①爆炸下限20%(1%VOL)为高风险区域，应布置警戒线及警示标识、实施燃气浓度检测监控、风向监控、入口设置静电释放装置，区域内应采取进入许可、作业审批等安全措施；②爆炸波及范围为人员疏散区，实行外围警戒、风向监控、动态监测、进入许可等措施。 •泄漏控制：①优先采取关阀停气措施，关闭泄漏管段上、下游阀门控制局面。如果是不明泄漏，关阀的同时应通过压力检测判定泄漏管段的位置，确定泄漏管段后进行主动放散；②如采取控阀降压措施，应有专人和专用装置监控燃气压力变化(根据不同燃气种类，控制在300～800 Pa范围)，降压过程中应控制降压速度，严禁管道内产生负压	•燃气特种兵工器具配备：便携式激光甲烷检测仪、防爆对讲机、防爆手机、防爆喊话器、防爆执法仪、防爆活动扳手、便携式风向标、警示带、调压箱钥匙。 •抢险队伍工器具配备(按处置任务划分)： (1)检测探边：泄漏检测仪、执法仪、对讲机、激光遥距检测仪、路面打孔机、注氮设备(加香精)、手持机(生产管理系统)、移动式照明设备、乙烷分析仪、风向标、警戒带、警示牌、路锥、无人机检测、检测机器人、色谱分析仪、吸真空泵。 (2)控阀作业：泄漏检测仪、执法仪、对讲机、阀井钩子、阀井钥匙、全身式安全带、三脚架、防爆工具、长管式空气呼吸器、警戒标志、手持机(生产管理系统)、防爆轴流风机、发电机、生命追踪器、防火服。 (3)放散作业：泄漏检测仪、执法仪、对讲机、便携式放散管、临时静电释放桩、移动式放散塔、灭火器、风向标、防爆轴流风机、发电机、阻火器(法兰连接在放散管上)。 (4)禁火：泄漏检测仪、执法仪、对讲机、车辆阻火器、临时静电释放桩、防爆工具、灭火器。 (5)撤人：执法仪、对讲机、扩音喇叭、

	应急处置流程	应急处置要点	应急处置工器具配备建议
事态控制	↓	• 稀释放散：对泄漏区域周边建筑物、管沟、阀井、窨井、检测探孔等采取自然开放通风(例如开盖通气)、防爆轴流风机强制通风等方法放散泄漏的燃气，尽量避免泄漏点周围燃气的浓度上升、泄漏范围扩大	指引旗、泄漏范围计算数据模型、防爆扩音喇叭、手动报警器、担架、急救箱、伤员运送车。(6)警戒：泄漏检测仪、执法仪、对讲机、警戒带、警示牌、路锥、支架、手持机(生产管理系统)；外围声光警戒。(7)现场舆论控制：执法仪、应急通信车、工业视频监控
现场抢修	是否已知漏点 已知漏点 → 现场抢修 未知漏点 → 查漏：抢险队伍查找漏点；注意第二漏点 现场抢修： • 制定抢修方案：结合现场环境和专家意见制定抢修方案，并进行技术交底。 • 确认抢修条件：对作业环境、作业人员、作业工具、安全措施进行确认。 • 实施抢修作业：实施抢修作业和质量验收，并开展后续监测	• 抢修全过程要动态开展风险评估，关注周边燃气浓度变化，控制人员进场。 • 查漏：①综合运用压力检测、流量监测、燃气浓度检测、中心区域钻孔取样检测、循迹检测、观察土壤变化、分段打压查漏法、挖探坑查漏法、探坑注水查漏法、添加香味剂颜色剂、排查焊点法等方法；②注意考虑第二泄漏点。 • 实施抢修作业：①修复质量验收(包括严密性试验、压力试验等安全测试)；②后续监测：24小时之内对修复泄漏部位进行全面检测，一周之内再次进行复查	• 抢险队伍工器具配备(按处置任务划分)：泄漏检测仪、执法仪、对讲机、发电机、焊机、PE焊接机、抽水泵、铁锹、挖机、移动照明设备、割管机、围挡、防爆工具、灭火器、堵漏夹具、临时堵漏工具、止气夹(PE管)、断管设施(气焊、割管器、等器材)、呼吸器、防爆油、壁厚检测仪器；封堵设备、注脂套管等补强工具、介质引流工具、爬管机
恢复供气	复气：应按CJJ51要求，对受影响场所的燃气设备设施进行安全试验、恢复供气	• 以下情况严禁恢复供气：①抢修现场曾检测有燃气浓度显示，但没有找到泄漏原因；②抢修现场发现漏点后，泄漏没有彻底处理或根源没有消除的；③抢修现场燃气浓度仍然超标；④没有进行置换通气前的安全检查和试验；⑤没有通知相关用户的	• 抢险队伍工器具配备(按处置任务划分)：泄漏检测仪、执法仪、对讲机、手持机(生产管理系统)、空压机、氮气车、超声波探伤仪器、渗透检测套装
解除应急	响应结束		
后期处置	善后处置 / 事故调查 / 应急救助		

附录6 城镇燃气管网端（村内道路）燃气泄漏处置指导流程图

	应急处置流程	应急处置要点	应急处置工器具配备建议
接警报告	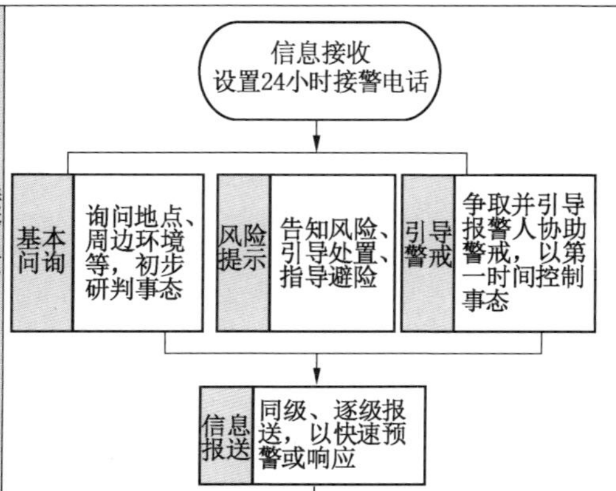	• 基本问询：询问乡镇、村组、周围地标、报警人身份、是否有施工动土、人员伤亡、是否有明显燃气泄漏。 • 风险提示：告知燃气易燃易爆的特性、现场保持禁火禁电；远离有气味区域接打电话；必要时告知报警人实施紧急避险。 • 引导警戒：劝导周边人群撤离或远离疑似泄漏区域；尽量维持现场警戒，限制人员及车辆进入疑似燃气泄漏区域	
应急预警	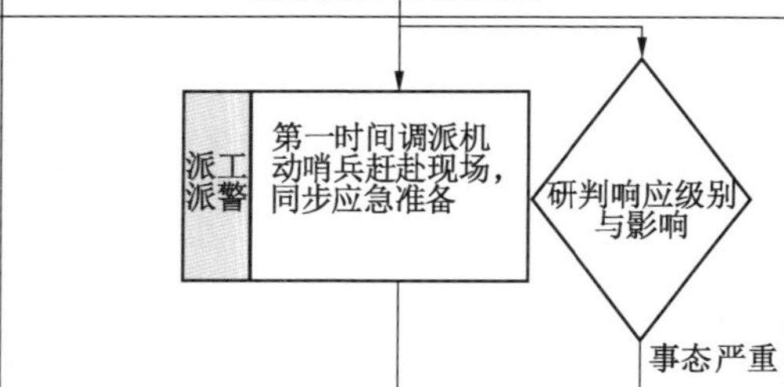	• 研判：根据事故性质、严重程度、影响范围和可控性研判。 • 应急准备：第一时间派工派警，并与村燃气协管员取得联系。 • 其他应急准备：企业各相关部门依据预案规定的职责和分工要求开展相应应急准备	
响应启动	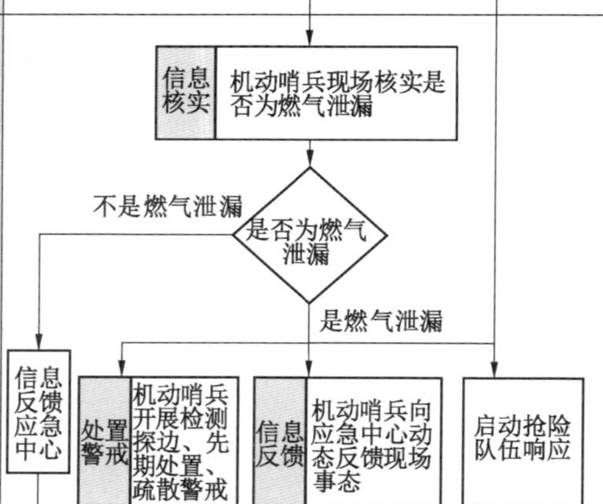	• 信息核实：确认为燃气泄漏，立即启动抢险队伍响应线。 • 处置警戒：在保证自身安全的前提下，对事故现场周边环境进行气体检测，依据初步检测的燃气泄漏范围，疏散事发现场人员，做好初步警戒。必要时要求村燃气协管员协助处置，并对村内道路实施交通管制。 • 信息反馈：保持与应急中心专线联系，排除其他线路干扰	• 机动哨兵工器具配备：泄漏检测仪、警示带、警示旗、喊话器、阀井钩子、阀井钥匙、对讲机

附录6　城镇燃气管网端（村内道路）燃气泄漏处置指导流程图

应急处置流程		应急处置要点	应急处置工器具配备建议
事态控制	**信息确认**：燃气特种兵、抢险队伍与机动哨兵快速对接，确认信息 ↓ **事态控制** • 检测探边：确认泄漏范围、检测燃气浓度。 • 警戒疏散：疏散周边群众、避免事态升级。 • 舆情管控：加强舆论引导、消除不利影响。 • 泄漏控制：控阀停气降压、控制泄漏源头。 • 稀释放散：稀释放散燃气、降低环境浓度。 • 应急供气保障：启动应急供气、减轻事件后果。 • 响应升级：事件升级失控、启动联动响应	• 检测探边：禁火禁电，开展气体检测，查找划定达到燃气爆炸下限20%(即1%VOL)的边界和燃气浓度为0的边界，包括：①地上探边，包括村民户内外、停靠车辆内部、道路周边；②沟井管道探边：包括给水、暖气、电力、电信等全部阀井、窨井、地下综合管廊，对发现有燃气浓度的井，应沿敷设管线向外扩展探测，查找燃气窜气蔓延的边界；③检测探边应重点关注“两高一密闭”，敷设有套管的管道井和特殊敏感区域。 • 警戒疏散：①爆炸下限20%(1%VOL)为高风险区域，应布置警戒线及警示标识、实施燃气浓度检测监控、风向监控、入口设置静电释放装置，区域内应采取进入许可、作业审批等安全措施；②爆炸波及范围为人员疏散区，实行外围警戒、风向监控、动态监测、进入许可等措施。 可通过村委会广播、大声呼喊、入户等方式引导村民疏散。 • 泄漏控制：①关闭泄漏管段上下游管段阀门，控制泄漏事态，同时应从远离村组的位置放散(调压箱放散、阀门放散孔引出放散)降压，放散处应专人守护，放散点周边应进行警戒；②当泄漏管段不明且泄漏量大，应先判断泄漏区域，关闭泄漏区域管段上、下游阀门；关阀同时应对关闭区域的管段进行压力监测，通过监测结果判定泄漏管段；③当泄漏管段不明且泄漏量较小，应先检测周边的沟井，依据检测数据、现场沟井与管线距离，结合管线路由判断泄漏管。 • 稀释放散：对泄漏区域周边建筑物、管沟、阀井、窨井、检测探孔等采取自然开放通风(如开盖通气)、防爆轴流风机强制通风等方法放散泄漏的燃气，尽量避免泄漏点周围燃气的浓度上升、泄漏范围扩大	• 燃气特种兵工器具配备：便携式激光甲烷检测仪、防爆对讲机、防爆手机、防爆喊话器、防爆执法仪、防爆活动扳手、便携式风向标、警示带、调压箱钥匙。 • 抢险队伍工器具配备(按处置任务划分)： (1)检测探边：泄漏检测仪、执法仪、对讲机、激光遥距检测仪、路面打孔机、注氮设备(加香精)、手持机(生产管理系统)、移动式照明设备、乙烷分析仪、风向标、警戒带、警示牌、路锥、无人机检测、检测机器人、色谱分析仪、吸真空泵。 (2)控阀作业：泄漏检测仪、执法仪、对讲机、阀井钩子、阀井钥匙、全身式安全带、三脚架、防爆工具、长管式空气呼吸器、警戒标志、手持机(生产管理系统)、防爆轴流风机、发电机、生命追踪器、防火服。 (3)放散作业：泄漏检测仪、执法仪、对讲机、便携式放散管、临时静电释放桩、移动式放散塔、灭火器、风向标、防爆轴流风机、发电机、阻火器(法兰连接在放散管上)。 (4)禁火：泄漏检测仪、执法仪、对讲机、车辆阻火器、临时静电释放桩、防爆工具、灭火器。 (5)撤人：执法仪、对讲机、扩音喇叭、指引旗、泄漏范围计算数据模型、防爆扩音喇叭、手动报警器、担架、急救箱、伤员运送车。 (6)警戒：泄漏检测仪、执法仪、对讲机、警戒带、警示牌、路锥、支架、手持机(生产管理系统)、外围声光警戒。 (7)现场舆论控制：执法仪、应急通信车、工业视频监控

	应急处置流程	应急处置要点	应急处置工器具配备建议
现场抢修	是否已知漏点 已知漏点 未知漏点 查漏：抢险队伍查找漏点；注意第二漏点 现场抢修： • 制定抢修方案：结合现场环境和专家意见制定抢修方案，并进行技术交底。 • 确认抢修条件：对作业环境、作业人员、作业工具、安全措施进行确认。 • 实施抢修作业：实施抢修作业和质量验收，并开展后续监测	• 抢修全过程要动态开展风险评估，关注周边燃气浓度变化，控制人员进场。 • 查漏：①综合运用压力检测、流量监测、燃气浓度检测、中心区域钻孔取样检测、循迹检测、观察土壤变化、分段打压查漏法、挖探坑查漏法、探坑注水查漏法、添加香味剂颜色剂、排查焊点法等方法；②注意考虑第二泄漏点。 • 实施抢修作业：①土方开挖后应采取自然通风或强制通风，确保燃气浓度低于达到爆炸下限20%(1%VOL)；②修复质量验收(包括严密性试验、压力试验等安全测试)；③后续监测：24小时之内对修复泄漏部位进行全面检测，一周之内再次进行复查	• 抢险队伍工器具配备(按处置任务划分)：泄漏检测仪、执法仪、对讲机、发电机、焊机、PE焊接机、抽水泵、铁锹、挖机、移动照明设备、割管机、围挡、防爆工具、灭火器、堵漏夹具、临时堵漏工具、止气夹(PE管)、断管设施(气焊、割管器、等器材)、呼吸器、防爆油、壁厚检测仪器、封堵设备、注脂套管等补强工具、介质引流工具、爬管机
恢复供气	复气：应按CJJ51要求，对受影响场所的燃气设备设施进行安全试验、恢复供气	• 以下情况严禁恢复供气：①抢修现场曾检测有燃气浓度显示，但没有找到泄漏原因；②抢修现场发现漏点后，泄漏没有彻底处理或根源没有消除的；③抢修现场燃气浓度仍然超标；④没有进行置换通气前的安全检查和试验；⑤没有通知相关用户的	• 抢险队伍工器具配备(按处置任务划分)：泄漏检测仪、执法仪、对讲机、手持机(生产管理系统)、空压机、氮气车、超声波探伤仪器、渗透检测套装
解除应急	响应结束		
后期处置	善后处置 事故调查 应急救助		

附录7　城镇燃气管网端（小区内部）燃气泄漏处置指导流程图

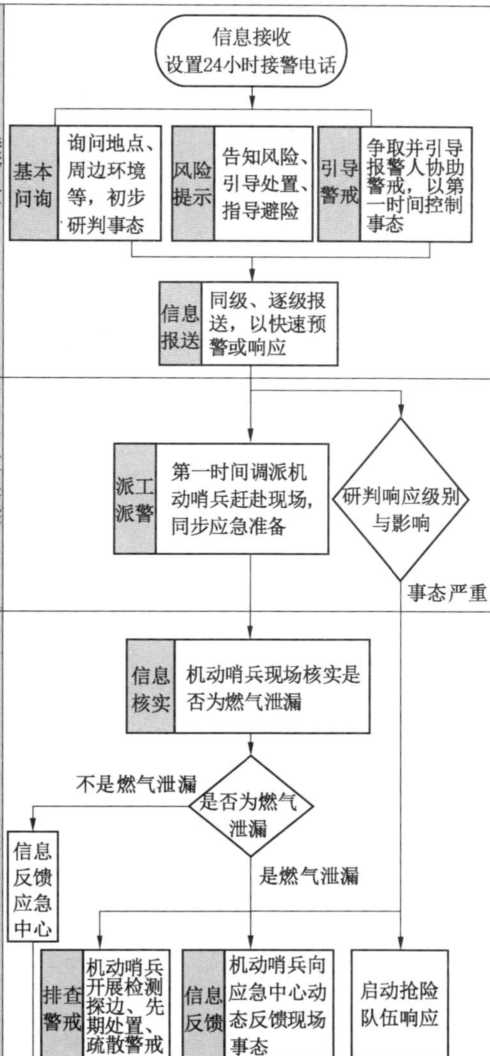

	应急处置流程	应急处置要点	应急处置工器具配备建议
接警报告		• 基本问询：询问街区、小区、周围地标、报警人身份、是否有施工动土、人员伤亡、是否有明显燃气泄漏。 • 风险提示：告知燃气易燃易爆的特性、现场保持禁火禁电；远离有气味区域接打电话；必要时告知报警人实施紧急避险。 • 引导警戒：劝导周边人群撤离或远离疑似泄漏区域；尽量维持现场警戒，限制人员及车辆进入疑似燃气泄漏区域	
应急预警		• 研判：根据事故性质、严重程度、影响范围和可控性研判。 • 应急准备：第一时间派工派警，并与小区燃气协管员取得联系。 • 其他应急准备：企业各相关部门依据预案规定的职责和分工要求开展相应应急准备	
响应启动		• 信息核实：确认为燃气泄漏，立即启动抢险队伍响应线。 • 排查警戒：在保证自身安全的前提下，充分利用周边资源，动态开展探边、疏散和警戒。 • 信息反馈：保持与应急中心专线联系，排除其他线路干扰	• 机动哨兵工器具配备：泄漏检测仪、警示带、警示旗、喊话器、阀井钩子、阀井钥匙、对讲机

应急处置流程	应急处置要点	应急处置工器具配备建议
事态控制 信息确认：燃气特种兵、抢险队伍与机动哨兵快速对接，确认信息 事态控制： • 检测探边：确认泄漏范围、检测燃气浓度。 • 警戒疏散：疏散周边群众、避免事态升级。 • 舆情管控：加强舆论引导、消除不利影响。 • 泄漏控制：控阀停气降压、控制泄漏源头。 • 稀释放散：稀释放散燃气、降低环境浓度。 • 应急供气保障：启动应急供气、减轻事件后果。 • 响应升级：事件升级失控、启动联动响应	• 检测探边：禁火禁电，开展气体检测，查找划定达到燃气爆炸下限20%(即1%VOL)的边界和燃气浓度为0的边界，包括：①地上探边，包括楼道、户内、停靠车辆等内部区域及绿化带、道路等外部区域；②地下探边，包括地下室、半地下室等区域；③沟井管道探边，包括给水、暖气、电力、电信等全部阀井、窨井、地下综合管廊，对发现有燃气浓度的井，应沿敷设管线向外扩展探测，查找燃气窜气蔓延的边界；④检测探边应重点关注“两高一密闭”、敷设有套管的管道井和特殊敏感区域。 • 警戒疏散：①爆炸下限20%(1%VOL)为高风险区域，应布置警戒线及警示标识，实施燃气浓度检测监控、风向监控、入口设置静电释放装置，区域内应采取进入许可、作业审批等安全措施；②爆炸波及范围为人员疏散区，实行外围警戒、风向监控、动态监测、进入许可等措施；③可通过街道、居委会共同引导居民进行疏散。可通过广播、大声呼喊、入户等方式引导居民疏散。 • 泄漏控制：①关闭泄漏管段上下游管段阀门，控制泄漏事态，对泄漏管段进行主动放散(调压箱放散、阀门放散孔引出放散)降压，放散处应专人守护，放散点周边应进行警戒；②当泄漏管段不明且泄漏量大，应先判断泄漏区域，关闭泄漏区域管段上、下游阀门；关阀同时应对关闭区域的管段进行压力监测，通过监测结果判定泄漏管段；③当泄漏管段不明且泄漏量较小，应先检测周边的沟井，依据检测数据、现场沟井与管线距离，结合管线路由判断泄漏管。 • 稀释放散：对泄漏区域周边建筑物、管沟、阀井、窨井、检测探孔等采取自然开放通风(如开盖通气)、防爆轴流风机强制通风等方法放散泄漏的燃气，尽量避免泄漏点周围燃气的浓度上升、泄漏范围扩大	• 燃气特种兵工器具配备：便携式激光甲烷检测仪、防爆对讲机、防爆手机、防爆喊话器、防爆执法仪、防爆活动扳手、便携式风向标、警示带、调压箱钥匙。 • 抢险队伍工器具配备(按处置任务划分)： (1)检测探边：泄漏检测仪、执法仪、对讲机、激光遥距检测仪、路面打孔机、注氮设备(加香精)、手持机(生产管理系统)、移动式照明设备、乙烷分析仪、风向标、警戒带、警示牌、路锥、无人机检测、检测机器人、色谱分析仪、吸真空泵。 (2)控阀作业：泄漏检测仪、执法仪、对讲机、阀井钩子、阀井钥匙、全身式安全带、三脚架、防爆工具、长管式空气呼吸器、警戒标志、手持机(生产管理系统)、防爆轴流风机、发电机、生命追踪器、防火服。 (3)放散作业：泄漏检测仪、执法仪、对讲机、便携式放散管、临时静电释放桩、移动式放散塔、灭火器、风向标、防爆轴流风机、发电机、阻火器(法兰连接在放散管上)。 (4)禁火：泄漏检测仪、执法仪、对讲机、车辆阻火器、临时静电释放桩、防爆工具、灭火器。 (5)撤人：执法仪、对讲机、扩音喇叭、指引旗、泄漏范围计算数据模型、防爆扩音喇叭、手动报警器、担架、急救箱、伤员运送车。 (6)警戒：泄漏检测仪、执法仪、对讲机、警戒带、警示牌、路锥、支架、手持机(生产管理系统)；外围声光警戒。 (7)现场舆论控制：执法仪、应急通信车、工业视频监控

阶段	应急处置流程	应急处置要点	应急处置工器具配备建议
现场抢修	是否已知漏点 未知漏点 → 查漏：抢险队伍查找漏点；注意第二漏点 已知漏点 → 现场抢修： • 制定抢修方案：结合现场环境和专家意见制定抢修方案，并进行技术交底。 • 确认抢修条件：对作业环境、作业人员、作业工具、安全措施进行确认。 • 实施抢修作业：实施抢修作业和质量验收，并开展后续监测	• 抢修全过程要动态开展风险评估，关注周边燃气浓度变化，控制人员进场。 • 查漏：①综合运用压力检测、流量监测、燃气浓度检测、中心区域钻孔取样检测、循迹检测、观察土壤变化、分段打压查漏法、挖探坑查漏法、探坑注水查漏法、添加香味剂颜色剂、排查焊点法等方法；②注意考虑第二泄漏点。 • 实施抢修作业：①土方开挖后应采取自然通风或强制通风，确保燃气浓度低于达到爆炸下限20%(1%VOL)；②修复质量验收(包括严密性试验、压力试验等安全测试)；③后续监测：24小时之内对修复泄漏部位进行全面检测，一周之内再次进行复查	• 抢险队伍工器具配备(按处置任务划分)：泄漏检测仪、执法仪、对讲机、发电机、焊机、PE焊接机、抽水泵、铁锹、挖机、移动照明设备、割管机、围挡、防爆工具、灭火器、堵漏夹具、临时堵漏工具、止气夹(PE管)、断管设施(气焊、割管器、等器材)、呼吸器、防爆油、壁厚检测仪器、封堵设备、注脂套管等补强工具、介质引流工具、爬管机
恢复供气	复气：应按CJJ51要求，对受影响场所的燃气设备设施进行安全试验、恢复供气	• 以下情况严禁恢复供气：①抢修现场曾检测有燃气浓度显示，但没有找到泄漏原因；②抢修现场发现漏点后，泄漏没有彻底处理或根源没有消除的；③抢修现场燃气浓度仍然超标；④没有进行置换通气前的安全检查和试验；⑤没有通知相关用户的	• 抢险队伍工器具配备(按处置任务划分)：泄漏检测仪、执法仪、对讲机、手持机(生产管理系统)、空压机、氮气车、超声波探伤仪器、渗透检测套装
解除应急	响应结束		
后期处置	善后处置　事故调查　应急救助		

附录 8　城镇燃气用户端（工业用户厂区周边）燃气泄漏处置指导流程图

	应急处置流程	应急处置要点	应急处置工器具配备建议
接警报告	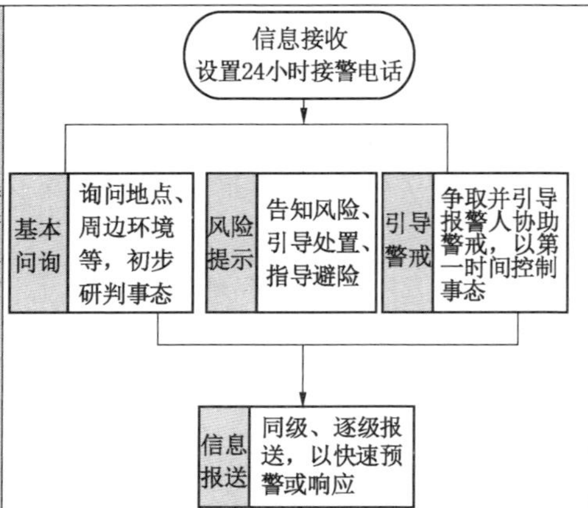	• 基本问询：询问事发街区、地标、道路名、工业区名、门牌号、企业名称(附近)、报警人身份、是否有施工动土、人员伤亡、是否有明显燃气泄漏。 • 风险提示：告知燃气易燃易爆的特性、现场保持禁火禁电；远离有气味区域接打电话；必要时告知报警人实施紧急避险。 • 引导警戒：争取报警人协助开展警戒和现场疏散工作，协助引导机动哨兵快速抵达现场	
应急预警	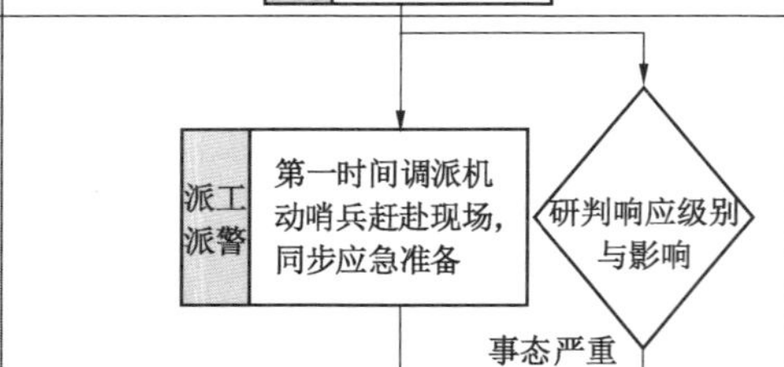	• 研判：根据事故性质、严重程度、影响范围和可控性研判。 • 应急准备：第一时间派工派警。 • 其他应急准备：企业各相关部门依据预案规定的职责和分工要求开展相应应急准备	
响应启动	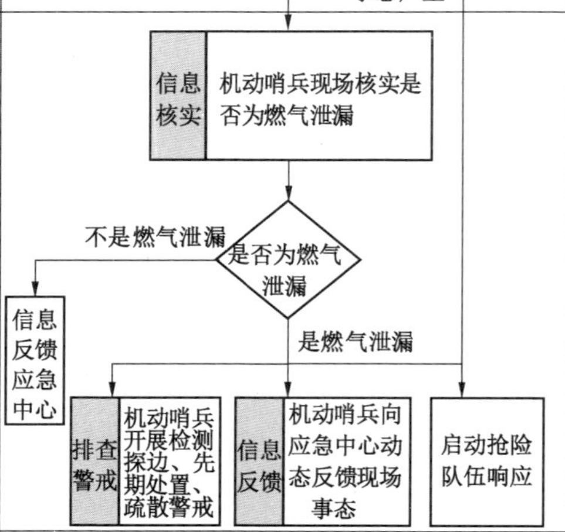	• 信息核实：确认为燃气泄漏，立即启动抢险队伍响应线。 • 排查警戒：在保证自身安全的前提下，充分利用周边资源，动态开展探边、疏散和警戒。 • 信息反馈：保持与应急中心专线联系，排除其他线路干扰	• 机动哨兵工器具配备：泄漏检测仪、警示带、警示旗、喊话器、阀井钩子、阀井钥匙、对讲机

应急处置流程	应急处置要点	应急处置工器具配备建议
事态控制 **信息确认**：燃气特种兵、抢险队伍与机动哨兵快速对接，确认信息 ↓ **事态控制** • 检测探边：确认泄漏范围、检测燃气浓度。 • 警戒疏散：疏散周边群众、避免事态升级。 • 舆情管控：加强舆论引导、消除不利影响。 • 泄漏控制：控阀停气降压、控制泄漏源头。 • 稀释放散：稀释放散燃气、降低环境浓度。 • 应急供气保障：启动应急供气、减轻事件后果。 • 响应升级：事件升级失控、启动联动响应	• 检测探边：禁火禁电，开展气体检测，查找划定达到燃气爆炸下限20%(即1%VOL)的边界和燃气浓度为0的边界，包括：①地上探边，包括泄漏区域周边建筑物楼道、户内、停靠车辆等内部区域及绿化带、道路等外部区域；②地下探边，包括地下室、半地下室等区域。③沟井管道探边，包括给水、暖气、电力、电信等全部阀井、窨井、地下综合管廊。对发现有燃气浓度的井，应沿敷设管线向外扩展探测，查找燃气窜气蔓延的边界；④检测探边应重点关注“两高一密闭”、敷设有套管的管道井和特殊敏感区域。 • 警戒疏散：①爆炸下限20%(1%VOL)为高风险区域，应布置警戒线及警示标识、实施燃气浓度检测监控、风向监控、入口设置静电释放装置，区域内应采取进入许可、作业审批等安全措施；②爆炸波及范围为人员疏散区，实行外围警戒、风向监控、动态监测、进入许可等措施；③将所有可能受到威胁的人员疏散转移到安全区域。当需要疏散周边企业人员时，应上报政府单位协调企业进行人员疏散。 • 泄漏控制：①优先采取关阀停气措施，关闭泄漏管段上下游管段阀门，对泄漏管段进行主动放散(调压箱放散、阀门放散孔引出放散)降压，放散处应专人守护，放散点周边应进行警戒；②当泄漏量小、压力小且不宜停气时，可采取临时封堵的方式；③及时告知受影响用户与相关部门停供信息，并沟通协调受影响用户做好生产应急调整和应对。 • 稀释放散：对泄漏区域周边建筑物、管沟、阀井、窨井、检测探孔等采取自然开放通风(如开盖通气)、防爆轴流风机强制通风等方法放散泄漏的燃气，尽量避免泄漏点周围燃气的浓度上升、泄漏范围扩大	• 燃气特种兵工器具配备：便携式激光甲烷检测仪、防爆对讲机、防爆手机、防爆喊话器、防爆执法仪、防爆活动扳手、便携式风向标、警示带、调压箱钥匙。 • 抢险队伍工器具配备(按处置任务划分)： (1)检测探边：泄漏检测仪、执法仪、防爆对讲机、激光遥距检测仪、生产管理系统手持机、多气体检测仪(氧气、甲烷、有毒有害气体)、无人机检测、检测机器人、色谱分析仪、乙烷分析仪、吸真空泵。 (2)控阀作业：泄漏检测仪、防爆工具、U形压力计、泡沫喷壶、执法仪、防爆对讲机、生产管理系统手机、多气体检测仪(氧气、甲烷、有毒有害气体)、阀井钩子(铜制)、阀井钥匙、全身式安全带、主动送风长管式空气呼吸器、发电机、防爆轴流风机、警戒带、警示牌、路锥、应急救援三脚架、正压式呼吸器、防爆手电筒。 (3)放散作业：泄漏检测仪、执法仪、防爆对讲机、灭火器、主动送风长管式空气呼吸器、风向标、全量程检测仪、防爆轴流风机、发电机、临时静电释放桩、正压式呼吸器、防爆手电筒。 (4)禁火：泄漏检测仪、执法仪、防爆对讲机、防爆工具、灭火器。 (5)撤人：执法仪、防爆对讲机、扩音喇叭、指引旗、疏散标示贴(无人、已撤离、未撤离)、泄漏范围计算数据模型、防爆扩音喇叭、手动报警器、声光引导棒、疏散集合点标识牌、防爆手电筒。 (6)警戒：泄漏检测仪、执法仪、防爆对讲机、生产管理系统手持机、移动式照明设备(防爆)、夜间警示灯、警戒带、警示牌、路锥、支架、反光安全背心、外围声光警戒。 (7)现场舆论控制：执法仪；应急通信车、工业视频监控

	应急处置流程	应急处置要点	应急处置工器具配备建议
现场抢修	是否已知漏点 未知漏点 → 查漏：抢险队伍查找漏点；注意第二漏点 已知漏点 现场抢修： • 制定抢修方案：结合现场环境和专家意见制定抢修方案，并进行技术交底。 • 确认抢修条件：对作业环境、作业人员、作业工具、安全措施进行确认。 • 实施抢修作业：实施抢修作业和质量验收，并开展后续监测	• 抢修全过程要动态开展风险评估，关注周边燃气浓度变化，控制人员进场。 • 查漏：①综合运用压力检测、流量监测、燃气浓度检测、中心区域钻孔取样检测、循迹检测、观察土壤变化、分段打压查漏法、挖探坑查漏法、探坑注水查漏法、添加香味剂颜色剂、排查焊点法等方法；②注意考虑第二泄漏点。 • 实施抢修作业：①土方开挖后应采取自然通风或强制通风，确保燃气浓度低于达到爆炸下限20%(1%VOL)；②修复质量验收(包括严密性试验、压力试验等安全测试)；③后续监测：24小时之内对修复泄漏部位进行全面检测，一周之内再次进行复查	• 抢险队伍工器具配备(按处置任务划分)：泄漏检测仪、执法仪、防爆工具、防爆对讲机、临时堵漏工具、发电机、焊机、PE焊接机、断管设施(气焊、割管机等)、呼吸器、防爆油、管材管件、法兰盲板、管帽、移动照明设备(防爆)、灭火器、封堵设备、注脂套管等补强工具、空压机
恢复供气	复气：应按CJJ51要求，对受影响场所的燃气设备设施进行安全试验、恢复供气	• 以下情况严禁恢复供气：①抢修现场曾检测有燃气浓度显示，但没有找到泄漏原因；②抢修现场发现漏点后，泄漏没有彻底处理或根源没有消除的；③抢修现场燃气浓度仍然超标；④没有进行置换通气前的安全检查和试验；⑤没有通知相关用户的	• 抢险队伍工器具配备(按处置任务划分)：全量程检测仪、执法仪、U形压力计、泡沫喷壶、防爆工具、防爆对讲机、生产管理系统手持机、便携式放散管、氮气车、电子压力计、移动式放散塔
解除应急	响应结束		
后期处置	善后处置 事故调查 应急救助		

附录9　城镇燃气用户端（工业用户非用气空间）燃气泄漏处置指导流程图

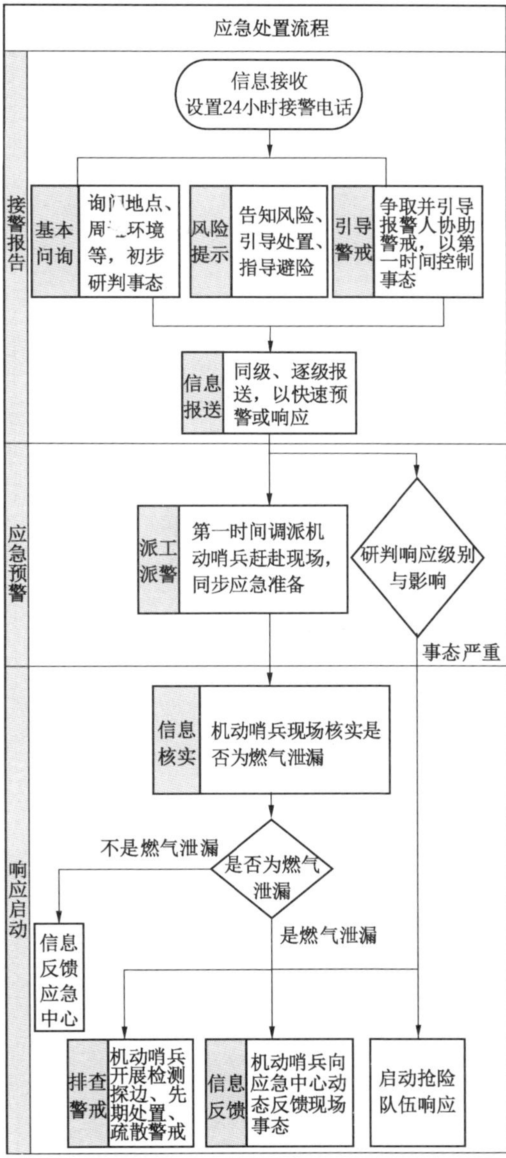

阶段	应急处置要点	应急处置工器具配备建议
接警报告	• 基本问询：询问事发街区、地标、道路名、工业区名、门牌号、企业名称(附近)、报警人身份、是否有施工动土、人员伤亡、是否有明显燃气泄漏。 • 风险提示：告知燃气易燃易爆的特性、现场保持禁火禁电；远离有气味区域接打电话；必要时告知报警人实施紧急避险。 • 引导警戒：指导报警人开展警戒和现场疏散工作，协助引导机动哨兵快速抵达现场	
应急预警	• 研判：根据事故性质、严重程度、影响范围和可控性研判。 • 应急准备：第一时间派工派警。 • 其他应急准备：企业各相关部门依据预案规定的职责和分工要求开展相应应急准备	
响应启动	• 信息核实：确认为燃气泄漏，立即启动抢险队伍响应线。 • 排查警戒：在保证自身安全的前提下，充分利用周边资源，动态开展探边、疏散和警戒。 • 信息反馈：保持与应急中心专线联系，排除其他线路干扰	• 机动哨兵工器具配备：泄漏检测仪、警示带、警示旗、喊话器、阀井钩子、阀井钥匙、对讲机

应急处置流程		应急处置要点	应急处置工器具配备建议
事态控制	**信息确认**：燃气特种兵、抢险队伍与机动哨兵快速对接，确认信息 ↓ **事态控制**： • 检测探边：确认泄漏范围、检测燃气浓度。 • 警戒疏散：疏散周边群众、避免事态升级。 • 舆情管控：加强舆论引导、消除不利影响。 • 泄漏控制：控阀停气降压、控制泄漏源头。 • 稀释放散：稀释放散燃气、降低环境浓度。 • 应急供气保障：启动应急供气、减轻事件后果。 • 响应升级：事件升级失控、启动联动响应	• 检测探边：禁火禁电，开展气体检测，查找划定达到燃气爆炸下限20%(即1%LOL)的边界和燃气浓度为0的边界，包括：①地上探边，包括泄漏区域周边建筑物、停靠车辆等内部区域及绿化带、道路等外部区域；②地下探边，包括地下室、半地下室等区域；③沟井管道探边：包括给水、暖气、电力、电信等全部阀井、窨井、地下综合管廊。对发现有燃气浓度的井，应沿敷设管线向外扩展探测，查找燃气窜气蔓延的边界；④检测探边应重点关注“两高一密闭”、敷设有套管的管道井和特殊敏感区域。 • 警戒疏散：①爆炸下限20%(1%LOL)为高风险区域，应布置警戒线及警示标识、实施燃气浓度检测监控、风向监控、入口设置静电释放装置，区域内应采取进入许可、作业审批等安全措施；②爆炸波及范围为人员疏散区，实行外围警戒、风向监控、动态监测、进入许可等措施；③将所有可能受到威胁的人员疏散转移到安全区域。当需要疏散周边企业人员时，应上报政府单位协调企业进行人员疏散。 • 泄漏控制：①优先采取关阀停气措施，关闭泄漏管段上下游管段阀门，对泄漏管段进行主动放散(调压箱放散、阀门放散孔引出放散)降压，放散处应专人守护，放散点周边应进行警戒；②当泄漏量小、压力小且不宜停气时，可采取临时封堵的方式。 • 稀释放散：对泄漏区域周边建筑物、管沟、阀井、窨井、检测探孔等采取自然开放通风(如开盖通气)、防爆轴流风机强制通风等方法放散泄漏的燃气，尽量避免泄漏点周围燃气的浓度上升、泄漏范围扩大	• 燃气特种兵工器具配备：便携式激光甲烷检测仪、防爆对讲机、防爆手机、防爆喊话器、防爆执法仪、防爆活动扳手、便携式风向标、警示带、调压箱钥匙。 • 抢险队伍工器具配备(按处置任务划分)： (1)检测探边：泄漏检测仪、执法仪、防爆对讲机、激光遥距检测仪、生产管理系统手持机、多气体检测仪(氧气、甲烷、有毒有害气体)、无人机检测、检测机器人、色谱分析仪、乙烷分析仪、吸真空泵。 (2)控阀作业：泄漏检测仪、防爆工具、U形压力计、泡沫喷壶、执法仪、防爆对讲机、生产管理系统手机、多气体检测仪(氧气、甲烷、有毒有害气体)、阀井钩子(铜制)、阀井钥匙、全身式安全带、主动送风长管式空气呼吸器、发电机、防爆轴流风机、警戒带、警示牌、路锥、应急救援三脚架、正压式呼吸器、防爆手电筒。 (3)放散作业：泄漏检测仪、执法仪、防爆对讲机、灭火器、主动送风长管式空气呼吸器、风向标、全量程检测仪、防爆轴流风机、发电机、临时静电释放桩、正压式呼吸器、防爆手电筒。 (4)禁火：泄漏检测仪、执法仪、防爆对讲机、防爆工具、灭火器。 (5)撤人：执法仪、防爆对讲机、扩音喇叭、指引旗、疏散标示贴(无人、已撤离、未撤离)、泄漏范围计算数据模型、防爆扩音喇叭、手动报警器、声光引导棒、疏散集合点标识牌、防爆手电筒。 (6)警戒：泄漏检测仪、执法仪、防爆对讲机、生产管理系统手持机、移动式照明设备(防爆)、夜间警示灯、警戒带、警示牌、路锥、支架、反光安全背心、外围声光警戒。 (7)现场舆论控制：执法仪；应急通信车、工业视频监控

附录9 城镇燃气用户端（工业用户非用气空间）燃气泄漏处置指导流程图

	应急处置流程	应急处置要点	应急处置工器具配备建议
现场抢修	是否已知漏点 已知漏点 → 现场抢修 未知漏点 → 查漏：抢险队伍查找漏点；注意第二漏点。 现场抢修： • 制定抢修方案：结合现场环境和专家意见制定抢修方案，并进行技术交底。 • 确认抢修条件：对作业环境、作业人员、作业工具、安全措施进行确认。 • 实施抢修作业：实施抢修作业和质量验收，并开展后续监测	• 抢修全过程要动态开展风险评估，关注周边燃气浓度变化，控制人员进场。 • 查漏：①综合运用压力检测、流量监测、燃气浓度检测、中心区域钻孔取样检测、循迹检测、观察土壤变化、分段打压查漏法、挖探坑查漏法、探坑注水查漏法、添加香味剂颜色剂、排查焊点法等方法；②注意考虑第二泄漏点。 • 实施抢修作业：①土方开挖后应采取自然通风或强制通风，确保燃气浓度低于达到爆炸下限20%(1%VOL)；②修复质量验收(包括严密性试验、压力试验等安全测试)；③后续监测：24小时之内对修复泄漏部位进行全面检测，一周之内再次进行复查	• 抢险队伍工器具配备(按处置任务划分)：泄漏检测仪、执法仪、防爆工具、防爆对讲机、临时堵漏工具、发电机、焊机、PE焊接机、断管设施(气焊、割管机等)、呼吸器、防爆油、管材管件、法兰盲板、管帽、移动照明设备(防爆)、灭火器、封堵设备、注脂套管等补强工具、空压机
恢复供气	复气：应按CJJ51要求，对受影响场所的燃气设备设施进行安全试验、恢复供气	• 以下情况严禁恢复供气：①抢修现场曾检测有燃气浓度显示，但没有找到泄漏原因；②抢修现场发现漏点后，泄漏没有彻底处理或根源没有消除的；③抢修现场燃气浓度仍然超标；④没有进行置换通气前的安全检查和试验；⑤没有通知相关用户的	• 抢险队伍工器具配备(按处置任务划分)：全量程检测仪、执法仪、U形压力计、泡沫喷壶、防爆工具、防爆对讲机、生产管理系统手持机、便携式放散管、氮气车、电子压力计、移动式放散塔
解除应急	响应结束		
后期处置	善后处置；事故调查；应急救助		

附录10　城镇燃气用户端（工业用户用气空间）燃气泄漏处置指导流程图

	应急处置流程	应急处置要点	应急处置工器具配备建议
接警报告	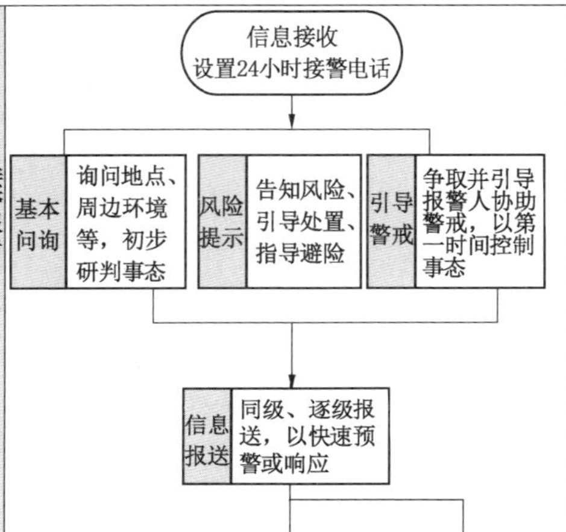	• 基本问询：询问事发街区、地标、道路名、工业区名、门牌号、企业名称(附近)、报警人身份、是否有施工动土、人员伤亡、是否有明显燃气泄漏。 • 风险提示：告知燃气易燃易爆的特性、现场保持禁火禁电；远离有气味区域接打电话；指导用户端报警人开窗通风、关阀切断气源；必要时告知报警人实施紧急避险。 • 引导警戒：指导报警人开展警戒和现场疏散工作，协助引导机动哨兵快速抵达现场	
应急预警	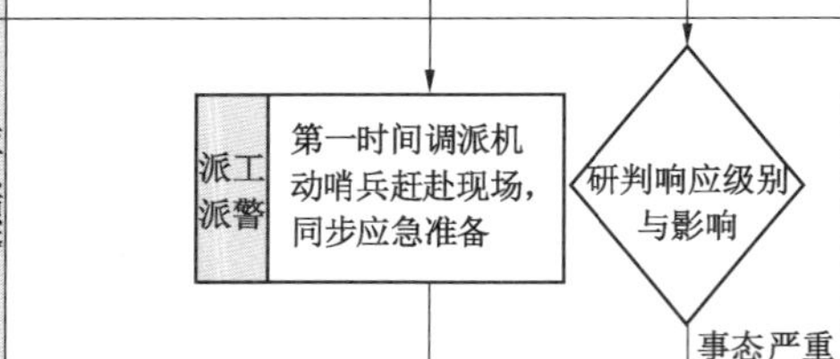	• 研判：根据事故性质、严重程度、影响范围和可控性研判。 • 应急准备：第一时间派工派警。 • 其他应急准备：企业各相关部门依据预案规定的职责和分工要求开展相应应急准备	
响应启动	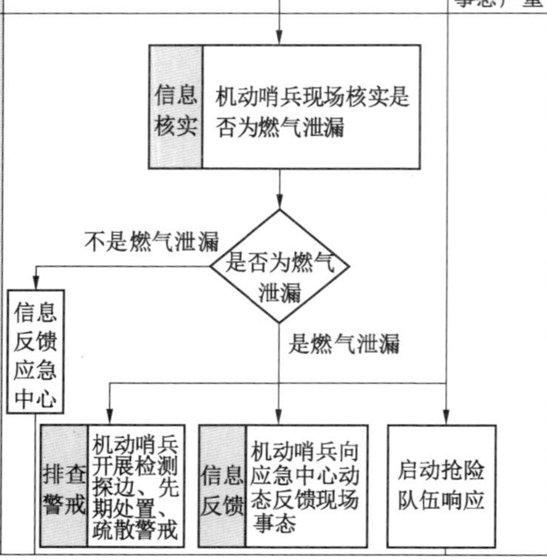	• 信息核实：确认为燃气泄漏，立即启动抢险队伍响应线。 • 排查警戒：在保证自身安全的前提下，迅速查找泄漏点，确认用户是否可中断、是否有备用路，决定是否可采取关阀、切换流程等方式控制泄漏。当燃气泄漏严重或用气空间燃气浓度较大时，应立即采取开窗通风、关阀(用气空间引入管阀门、室外调压箱/柜等)等控制措施，同时动态开展泄漏检测、探边、疏散和警戒。 • 信息反馈：保持与应急中心专线联系，排除其他线路干扰	• 机动哨兵工器具配备：泄漏检测仪、警示带、警示旗、喊话器、阀井钩子、阀井钥匙、对讲机

应急处置流程	应急处置要点	应急处置工器具配备建议
事态控制 **信息确认**：燃气特种兵、抢险队伍与机动哨兵快速对接，确认信息 ↓ **事态控制**： • 检测探边：确认泄漏范围、检测燃气浓度。 • 警戒疏散：疏散周边群众、避免事态升级。 • 舆情管控：加强舆论引导、消除不利影响。 • 泄漏控制：控阀停气降压、控制泄漏源头。 • 稀释放散：稀释放散燃气、降低环境浓度。 • 应急供气保障：启动应急供气、减轻事件后果。 • 响应升级：事件升级失控、启动联动响应	• 检测探边：禁火禁电，开展气体检测，查找划定达到燃气爆炸下限20%(即1%VOL)的边界和燃气浓度为0的边界，包括：①地上探边，包括用气空间及邻近建筑、停靠车辆等内部区域及绿化带、厂区道路等外部区域；②沟井管道探边，包括给水、暖气、电力、电信等全部阀井、窨井、地下综合管廊，对发现有燃气浓度的井，应沿敷设管线向外扩展探测，查找燃气窜气蔓延的边界；③检测探边应重点关注“两高一密闭”、敷设有套管的管道井和特殊敏感区域。 • 警戒疏散：①爆炸下限20%(1%VOL)为高风险区域，应布置警戒线及警示标识、实施燃气浓度检测监控、风向监控、入口设置静电释放装置，区域内应采取进入许可、作业审批等安全措施；②爆炸波及范围为人员疏散区，实行外围警戒、风向监控、动态监测、进入许可等措施。 泄漏控制：优先采取关阀停气措施，关闭泄漏管段上下游管段阀门，对泄漏管段进行主动放散(调压箱放散、阀门放散孔引出放散)降压，放散处应专人守护，放散点周边应进行警戒。 • 稀释放散：对泄漏区域周边建筑物、管沟、阀井、窨井等采取自然开放通风(如开盖通气)、防爆轴流风机强制通风等方法放散泄漏的燃气，尽量避免泄漏点周围燃气的浓度上升、泄漏范围扩大	• 燃气特种兵工器具配备：便携式激光甲烷检测仪、防爆对讲机、防爆手机、防爆喊话器、防爆执法仪、防爆活动扳手、便携式风向标、警示带、调压箱钥匙。 • 抢险队伍工器具配备(按处置任务划分)： (1)检测探边：泄漏检测仪、执法仪、防爆对讲机、激光遥距检测仪、生产管理系统手持机、多气体检测仪(氧气、甲烷、有毒有害气体)、无人机检测、检测机器人、色谱分析仪、乙烷分析仪、吸真空泵。 (2)控阀作业：泄漏检测仪、防爆工具、U形压力计、泡沫喷壶、执法仪、防爆对讲机、生产管理系统手机、多气体检测仪(氧气、甲烷、有毒有害气体)、阀井钩子(铜制)、阀井钥匙、全身式安全带、主动送风长管式空气呼吸器、发电机、防爆轴流风机、警戒带、警示牌、路锥、应急救援三脚架、正压式呼吸器、防爆手电筒。 (3)放散作业：泄漏检测仪、执法仪、防爆对讲机、灭火器、主动送风长管式空气呼吸器、风向标、全量程检测仪、防爆轴流风机、发电机、临时静电释放桩、正压式呼吸器、防爆手电筒。 (4)禁火：泄漏检测仪、执法仪、防爆对讲机、防爆工具、灭火器。 (5)撤人：执法仪、防爆对讲机、扩音喇叭、指引旗、疏散标示贴(无人、已撤离、未撤离)、泄漏范围计算数据模型、防爆扩音喇叭、手动报警器、声光引导棒、疏散集合点标识牌、防爆手电筒。 (6)警戒：泄漏检测仪、执法仪、防爆对讲机、生产管理系统手持机、移动式照明设备(防爆)、夜间警示灯、警戒带、警示牌、路锥、支架、反光安全背心、外围声光警戒。 (7)现场舆论控制：执法仪、应急通信车、工业视频监控

阶段	应急处置流程	应急处置要点	应急处置工器具配备建议
现场抢修	是否已知漏点 未知漏点 → 查漏：抢险队伍查找漏点；注意第二漏点 已知漏点 → 现场抢修： • 制定抢修方案：结合现场环境和专家意见制定抢修方案，并进行技术交底。 • 确认抢修条件：对作业环境、作业人员、作业工具、安全措施进行确认。 • 实施抢修作业：实施抢修作业和质量验收，并开展后续监测	• 抢修全过程要动态开展风险评估，关注周边燃气浓度变化，控制人员进场。 • 查漏：①综合运用压力检测、流量监测、燃气浓度检测、中心区域钻孔取样检测、循迹检测、分段打压查漏法、添加香味剂颜色剂、排查焊点法等方法； ②注意考虑第二泄漏点。 • 实施抢修作业：①制定抢修方案并交底，实施抢修；②修复质量验收(包括严密性试验、压力试验等安全测试)；③ 后续监测：24小时之内对修复泄漏部位进行全面检测，一周之内再次进行复查	•抢险队伍工器具配备(按处置任务划分)：泄漏检测仪、执法仪、防爆工具、防爆对讲机、临时堵漏工具、发电机、焊机、断管设施(气焊、割管机等)、呼吸器、防爆油、管材管件、法兰盲板、管帽、移动照明设备(防爆)、灭火器、封堵设备、注脂套管等补强工具、空压机
恢复供气	复气：应按CJJ51要求，对受影响场所的燃气设备设施进行安全试验、恢复供气	• 以下情况严禁恢复供气：①抢修现场曾检测有燃气浓度显示，但没有找到泄漏原因；②抢修现场发现漏点后，泄漏没有彻底处理或根源没有消除的；③抢修现场燃气浓度仍然超标；④没有进行置换通气前的安全检查和试验；⑤ 没有通知相关用户的	•抢险队伍工器具配备(按处置任务划分)：全量程检测仪、执法仪、U形压力计、泡沫喷壶、防爆工具、防爆对讲机、生产管理系统手持机、便携式放散管、氮气车、电子压力计、移动式放散塔
解除应急	响应结束		
后期处置	善后处置 事故调查 应急救助		

附录11 城镇燃气用户端公商服用户（含大型商业综合体）餐饮用气空间燃气泄漏处置指导流程图

	应急处置流程	应急处置要点	应急处置工器具配备建议
接警报告	信息接收 设置24小时接警电话 基本问询：询问地点、周边环境等，初步研判事态 风险提示：告知风险、引导处置、指导避险 引导警戒：争取并引导报警人协助警戒，以第一时间控制事态 信息报送：同级、逐级报送，以快速预警或响应	• 基本问询：询问街区、地标、综合体名称、用户名称、店铺楼层、报警人身份、气味是否明显、能否听到气流声等用户端典型特征，以及报警原因。 • 风险提示：告知燃气易燃易爆的特性、现场保持禁火禁电；远离有气味区域接打电话；指导用户端报警人开窗通风、关阀切断气源；告知报警人，组织所有人员(包括工作人员与顾客等外来人员)撤离事发店铺至安全区域，视情况通知周边店铺撤离人员；必要时告知报警人实施紧急避险；告知报警人在抢险人员到达前请求物业单位、街道办等协助警戒疏散。 • 引导警戒：在征询报警人的意愿和能力的前提下，争取报警人协助开展警戒工作，警戒区域不应小于事发用气空间店铺，协助引导机动哨兵快速抵达现场	
应急预警	研判响应级别与影响 派工派警：第一时间调派机动哨兵赶赴现场，同步应急准备 事态严重	• 研判：根据事故性质、严重程度、影响范围和可控性研判。 • 应急准备：第一时间派工派警。 • 其他应急准备：企业各相关部门依据预案规定的职责和分工要求开展相应应急准备	
响应启动	信息核实：机动哨兵现场核实是否为燃气泄漏、事态是否严重	• 信息核实：确认为燃气泄漏，立即启动抢险队伍响应线。 • 排查警戒：在保证自身安全的前提下，采取开窗通风、强制排风、关阀(表前阀、户外调压箱等)控制泄漏、关闭现场电气设	• 机动哨兵工器具配备：泄漏检测仪、警示带、警示旗、喊话器、阀井钩子、阀井钥匙、对讲机

	应急处置流程	应急处置要点	应急处置工器具配备建议
响应启动	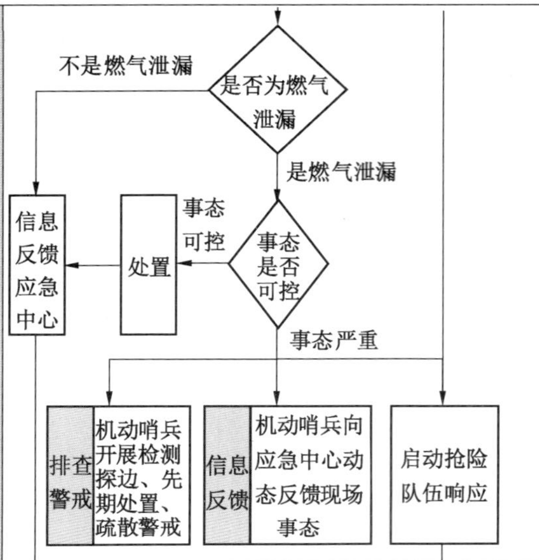	备等措施，并动态开展探边、疏散和警戒。当阀门失效无法第一时间关闭，应第一时间请求店铺管理单位，街道办、公安、消防等协同进行警戒疏散，必要时关闭该管段上游总阀门。 • 信息反馈：保持与应急中心专线联系，排除其他线路干扰	
事态控制	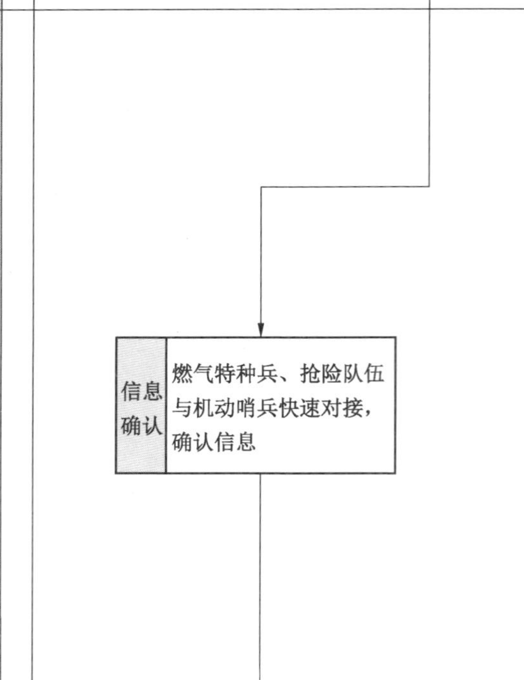	• 检测探边：禁火禁电，开展气体检测，查找划定达到燃气爆炸下限20%(即1%VOL)的边界和燃气浓度为0的边界，包括：①地上探边，包括楼道、户内、用气空间、相邻(楼上楼下)店铺、排烟道等区域；②地下探边，包括地下室、半地下室等区域；③沟井管道探边，包括给水、暖气、电力、电信等全部阀井、窨井、地下综合管廊，对发现有燃气浓度的井，应沿敷设管线向外扩展探测，查找燃气窜气蔓延的边界；④检测探边应重点关注“两高一密闭”、敷设有套管的管道井和特殊敏感区域。 警戒疏散：①爆炸下限20%(1%VOL)为高风险区域，应布置警戒线及警示标识、实施燃气浓度检测监控、	• 燃气特种兵工器具配备：便携式激光甲烷检测仪、防爆对讲机、防爆手机、防爆喊话器、防爆执法仪、防爆活动扳手、便携式风向标、警示带、调压箱钥匙。 • 抢险队伍工器具配备(按处置任务划分)： (1)检测探边：泄漏检测仪、执法仪、防爆对讲机、激光遥距检测仪、生产管理系统手持机、多气体检测仪(氧气、甲烷、有毒有害气体)、无人机检测、检测机器人、色谱分析仪、乙烷分析仪、吸真空泵。 (2)控阀作业：泄漏检测仪、防爆工具、U形压力计、泡沫喷壶、执法仪、防爆对讲机、生产管理系统手机、多气体检测仪（氧气、甲烷、有毒有害气体)、阀井钩子(铜制)、阀井钥匙、全身式安全

	应急处置流程	应急处置要点	应急处置工器具配备建议
事态控制	**事态控制** • 检测探边：确认泄漏范围、检测燃气浓度。 • 警戒疏散：疏散周边群众、避免事态升级。 • 舆情管控：加强舆论引导、消除不利影响。 • 泄漏控制：控阀停气降压、控制泄漏源头。 • 稀释放散：稀释放散燃气、降低环境浓度。 • 应急供气保障：启动应急供气、减轻事件后果。 • 响应升级：事件升级失控、启动联动响应	风向监控、入口设置静电释放装置，区域内应采取进入许可、作业审批等安全措施；②爆炸波及范围为人员疏散区，实行外围警戒、风向监控、动态监测、进入许可等措施；③商业用户疏散应综合考虑事件影响范围、现场疏散条件、疏散群体特质和数量等信息，由现场指挥员综合研判后，下达疏散指令，组织疏散。 • 泄漏控制：应立即关闭调压箱(柜)阀门，必要时关闭上游总阀，控制燃气泄漏，派专人进行阀门监控，避免无关人员触动。 • 稀释放散：对泄漏区域周边建筑物、管沟、阀井、窨井、烟道等采取自然开放通风(如开盖通气)、防爆轴流风机强制通风等方法放散泄漏的燃气，尽量避免泄漏点周围燃气的浓度上升、泄漏范围扩大	带、主动送风长管式空气呼吸器、发电机、防爆轴流风机、警戒带、警示牌、路锥、应急救援三脚架、正压式呼吸器、防爆手电筒。 (3)放散作业：泄漏检测仪、执法仪、防爆对讲机、灭火器、主动送风长管式空气呼吸器、风向标、全量程检测仪、防爆轴流风机、发电机、临时静电释放桩、正压式呼吸器、防爆手电筒。 (4)禁火：泄漏检测仪、执法仪、防爆对讲机、防爆工具、灭火器。 (5)撤人：执法仪、防爆对讲机、扩音喇叭、指引旗、疏散标示贴(无人、已撤离、未撤离)、泄漏范围计算数据模型、防爆扩音喇叭、手动报警器、声光引导棒、疏散集合点标识牌、防爆手电筒。 (6)警戒：泄漏检测仪、执法仪、防爆对讲机、生产管理系统手持机、移动式照明设备(防爆)、夜间警示灯、警戒带、警示牌、路锥、支架、反光安全背心、外围声光警戒。 (7)现场舆论控制：执法仪；应急通信车、工业视频监控
现场抢修	是否已知漏点 未知漏点 → **查漏**：抢险队伍查找漏点；注意第二漏点 已知漏点	• 抢修全过程要动态开展风险评估，关注周边燃气浓度变化，控制人员进场。 • 查漏：①综合运用压力检测、流量监测、燃气浓度检测、中心区域钻孔取样检测、循迹检测、分段打压查漏法、添加香味剂颜色剂、排查焊点法等方法。②注意考虑第二泄漏点。③根据	• 抢险队伍工器具配备(按处置任务划分)：泄漏检测仪、执法仪、防爆工具、防爆对讲机、临时堵漏工具、发电机、焊机、断管设施(气焊、割管机等)、呼

	应急处置流程	应急处置要点	应急处置工器具配备建议
现场抢修	现场抢修 • 制定抢修方案：结合现场环境和专家意见制定抢修方案，并进行技术交底。 • 确认抢修条件：对作业环境、作业人员、作业工具、安全措施进行确认。 • 实施抢修作业：实施抢修作业和质量验收，并开展后续监测	用气实际，对各类灶具、烤箱、蒸箱等用气端进行检查，包括燃气管段、接口、燃气设备内部全面查漏。 • 实施抢修作业：①制定抢修方案并交底，实施抢修。②修复质量验收(包括严密性试验、压力试验等安全测试)。③后续监测：24小时之内对修复泄漏部位进行全面检测，一周之内再次进行复查	吸器、防爆油、管材管件、法兰盲板、管帽、移动照明设备(防爆)、灭火器、封堵设备、注脂套管等补强工具、空压机
恢复供气	复气 应按CJJ51要求，对受影响场所的燃气设备设施进行安全试验、恢复供气	• 以下情况严禁恢复供气：①抢修现场曾检测有燃气浓度显示，但没有找到泄漏原因；②抢修现场发现漏点后，泄漏没有彻底处理或根源没有消除的；③抢修现场燃气浓度仍然超标；④没有进行置换通气前的安全检查和试验；⑤没有通知相关用户的；⑥报警装置配置不足的、失效的，排风设施失效的；⑦燃烧器具过期的、损坏仍然使用的、连接软管过期的；⑧表具、管道暗封暗埋、预留口未封堵、未做防腐的；⑨其他重大安全隐患未整改完成的	• 抢险队伍工器具配备(按处置任务划分)：全量程检测仪、执法仪、U形压力计、泡沫喷壶、防爆工具、防爆对讲机、生产管理系统手持机、便携式放散管、氮气车、电子压力计、移动式放散塔
解除应急	响应结束		
后期处置	善后处置；事故调查；应急救助		

附录 12　城镇燃气用户端公商服用户（含大型商业综合体）公共活动空间燃气泄漏处置指导流程图

阶段	应急处置流程	应急处置要点	应急处置工器具配备建议
接警报告	信息接收 设置24小时接警电话 ↓ 基本问询：询问地点、周边环境等，初步研判事态 风险提示：告知风险、引导处置、指导避险 引导警戒：争取并引导报警人协助警戒，以第一时间控制事态 ↓ 信息报送：同级、逐级报送，以快速预警或响应	• 基本问询：询问街区、地标、综合体名称、用户名称、店铺楼层、报警人身份、气味是否明显、能否听到气流声等用户端典型特征，以及报警原因。 • 风险提示：告知燃气易燃易爆的特性、现场保持禁火禁电；远离有气味区域接打电话；指导用户端报警人开窗通风、关阀切断气源；告知报警人撤离室内、商场、狭小街道、楼道等空气不易流动空间至安全区域，向上风向转移；必要时告知报警人实施紧急避险；告知报警人在抢险人员到达前请求物业单位、街道办等协助警戒疏散。 • 引导警戒：在征询报警人的意愿和能力的前提下，争取报警人协助开展警戒工作，警戒区域不应小于事发用气空间店铺，协助引导机动哨兵快速抵达现场	
应急预警	派工派警：第一时间调派机动哨兵赶赴现场，同步应急准备 研判响应级别与影响 事态严重	• 研判：根据事故性质、严重程度、影响范围和可控性研判。 • 应急准备：第一时间派工派警。 • 其他应急准备：企业各相关部门依据预案规定的职责和分工要求开展相应应急准备	
响应启动	信息核实：机动哨兵现场核实是否为燃气泄漏 ↓ 是否为燃气泄漏 不是燃气泄漏	• 信息核实：确认为燃气泄漏，立即启动抢险队伍响应线。 • 排查警戒：在保证自身安全的前提下，采取开窗通风、强制排风、关阀(表前阀、户外调压箱)、控制警戒范围内用火用电、限制人员出入、向周边	• 机动哨兵工器具配备：泄漏检测仪、警示带、警示旗、喊话器、阀井钩子、阀井钥匙、对讲机

	应急处置流程	应急处置要点	应急处置工器具配备建议
响应启动	是燃气泄漏 事态是否可控 事态可控 → 处置 → 信息反馈应急中心 事态严重 排查警戒：机动哨兵开展检测探边、先期处置、疏散警戒 信息反馈：机动哨兵向应急中心动态反馈现场事态 启动抢险队伍响应	发出泄漏警告等控制泄漏、关闭现场电气设备等措施，并动态开展探边、疏散和警戒。 • 信息反馈：保持与应急中心专线联系，排除其他线路干扰	
事态控制	信息确认：燃气特种兵、抢险队伍与机动哨兵快速对接，确认信息 事态控制： • 检测探边：确认泄漏范围、检测燃气浓度。 • 警戒疏散：疏散周边群众、避免事态升级。 • 舆情管控：加强舆论引导、消除不利影响。 • 泄漏控制：控阀停气降压、控制泄漏源头。 • 稀释放散：稀释放散燃气、降低环境浓度。 • 应急供气保障：启动应急供气、减轻事件后果。 • 响应升级：事件升级失控、启动联动响应	• 检测探边：禁火禁电，开展气体检测，查找划定达到燃气爆炸下限20%(即1%VOL)的边界和燃气浓度为0的边界，包括：①地上探边，包括楼道、户内、室内外、泄漏区域涉及店铺、泄漏区域密闭半密闭空间等区域；②地下探边，包括地下室、半地下室等区域；③沟井管道探边，包括给水、暖气、电力、电信等全部阀井、窨井、地下综合管廊，对发现有燃气浓度的井，应沿敷设管线向外扩展探测，查找燃气窜气蔓延的边界。 • 警戒疏散：①爆炸下限20%(1%VOL)为高风险区域，应布置警戒线及警示标识、实施燃气浓度检测监控、风向监控、入口设置静电释放装置，区域内应采取进入许可、作业审批等安全措施；②爆炸波及范围为人员疏散区，实行外围警戒、风向监控、动态监测、进入许可等措施；③商业用户疏散应综合考虑事件影响范围、现场疏散条件、疏散群体特质和数量等信息，由现场	• 燃气特种兵工器具配备：便携式激光甲烷检测仪、防爆对讲机、防爆手机、防爆喊话器、防爆执法仪、防爆活动扳手、便携式风向标、警示带、调压箱钥匙。 • 抢险队伍工器具配备(按处置任务划分)： (1)检测探边：泄漏检测仪、执法仪、防爆对讲机、激光遥距检测仪、生产管理系统手持机、多气体检测仪(氧气、甲烷、有毒有害气体)、无人机检测、检测机器人、色谱分析仪、乙烷分析仪、吸真空泵。 (2)控阀作业：泄漏检测仪、防爆工具、U形压力计、泡沫喷壶、执法仪、防爆对讲机、生产管理系统手机、多气体检测仪(氧气、甲烷、有毒有害气体)、阀井钩子(铜制)、阀井钥匙、全身式安全带、主动送风长管式空气呼吸器、发电机、防爆轴流风机、警戒带、警示牌、路锥、应急救援三脚架、正压式呼吸器、防爆手电筒。 (3)放散作业：泄漏检测仪、执法仪、防爆对讲机、灭火器、主动送风长管式空气呼吸器、风向标、全量程检测仪、防爆轴流风机、发电机、临时静电释放桩、正压式呼吸器、防爆手电筒。 (4)禁火：泄漏检测仪、执法仪、防爆

	应急处置流程	应急处置要点	应急处置工器具配备建议
事态控制		指挥员综合研判后，下达疏散指令，组织疏散。 • 泄漏控制：应立即关闭调压箱(柜)阀门，必要时关闭上游总阀，控制燃气泄漏，派专人进行阀门监控，避免无关人员触动。 • 稀释放散：对泄漏区域周边建筑物、管沟、阀井、窨井、烟道等采取自然开放通风(如开盖通气)、防爆轴流风机强制通风等方法放散泄漏的燃气，尽量避免泄漏点周围燃气的浓度上升、泄漏范围扩大	对讲机、防爆工具、灭火器。 (5)撤人：执法仪、防爆对讲机、扩音喇叭、指引旗、疏散标示贴(无人、已撤离、未撤离)、泄漏范围计算数据模型、防爆扩音喇叭、手动报警器、声光引导棒、疏散集合点标识牌、防爆手电筒。 (6)警戒：泄漏检测仪、执法仪、防爆对讲机、生产管理系统手持机、移动式照明设备(防爆)、夜间警示灯、警戒带、警示牌、路锥、支架、反光安全背心、外围声光警戒。 (7)现场舆论控制：执法仪、应急通信车、工业视频监控
现场抢修	是否已知漏点 未知漏点 → 查漏：抢险队伍查找漏点；注意第二漏点 已知漏点 → 现场抢修： • 制定抢修方案：结合现场环境和专家意见制定抢修方案，并进行技术交底。 • 确认抢修条件：对作业环境、作业人员、作业工具、安全措施进行确认。 • 实施抢修作业：实施抢修作业和质量验收，并开展后续监测	•抢修全过程要动态开展风险评估，关注周边燃气浓度变化，控制人员进场。 •查漏：①综合运用压力检测、流量监测、燃气浓度检测、中心区域钻孔取样检测、循迹检测、分段打压查漏法、添加香味剂颜色剂、排查焊点法等方法；②注意考虑第二泄漏点；③对燃气浓度较高的积聚区域可能存在的漏点逐一进行排查。 •实施抢修作业：①制定抢修方案并交底，实施抢修；②修复质量验收(包括严密性试验、压力试验等安全测试)；③后续监测：24小时之内对修复泄漏部位进行全面检测，一周之内再次进行复查	• 抢险队伍工器具配备(按处置任务划分)：泄漏检测仪、执法仪、防爆工具、防爆对讲机、临时堵漏工具、发电机、焊机、PE焊接机、断管设施(气焊、割管机等)、呼吸器、防爆油、管材管件、法兰盲板、管帽、移动照明设备(防爆)、灭火器、封堵设备、注脂套管等补强工具、空压机

	应急处置流程	应急处置要点	应急处置工器具配备建议
恢复供气	复气：应按CJJ51要求，对受影响场所的燃气设备设施进行安全试验、恢复供气	•以下情况严禁恢复供气：①抢修现场曾检测有燃气浓度显示，但没有找到泄漏原因；②抢修现场发现漏点后，泄漏没有彻底处理或根源没有消除的；③抢修现场燃气浓度仍然超标；④没有进行置换通气前的安全检查和试验；⑤没有通知相关用户的；⑥现场燃气使用场所或燃气设施存在安全隐患的；⑦人员密集场所无燃气泄漏应对措施的(燃气公司本身措施、场所管理单位措施等)	•抢险队伍工器具配备(按处置任务划分)：全量程检测仪、执法仪、U形压力计、泡沫喷壶、防爆工具、防爆对讲机、生产管理系统手持机、便携式放散管、氮气车、电子压力计、移动式放散塔
解除应急	响应结束		
后期处置	善后处置；事故调查；应急救助		

附录 13　城镇燃气用户端公商服用户（含大型商业综合体）锅炉用气空间燃气泄漏处置指导流程图

	应急处置流程	应急处置要点	应急处置工器具配备建议
接警报告	信息接收 设置24小时接警电话 基本问询：询问地点、周边环境等，初步研判事态 风险提示：告知风险、引导处置、指导避险 引导警戒：争取并引导报警人协助警戒，以第一时间控制事态 信息报送：同级、逐级报送，以快速预警或响应	• 基本问询：询问街区、地标、综合体名称、用户名称、店铺楼层、报警人身份、气味是否明显、能否听到气流声等用户端典型特征，以及报警原因。 • 风险提示：告知燃气易燃易爆的特性、现场保持禁火禁电；远离有气味区域接打电话；指导用户端报警人开窗通风、关阀切断气源；告知报警人撤离锅炉房等密闭半密闭空间至安全区域，向开阔地带的上风向转移；必要时告知报警人实施紧急避险；告知报警人在抢险人员到达前疏散锅炉房区域及周边影响区域的人员。 • 引导警戒：在征询报警人的意愿和能力的前提下，争取报警人协助开展警戒工作，警戒区域不应小于事发用气空间店铺，协助引导机动哨兵快速抵达现场	
应急预警	派工派警：第一时间调派机动哨兵赶赴现场，同步应急准备 研判响应级别与影响 事态严重	• 研判：根据事故性质、严重程度、影响范围和可控性研判。 • 应急准备：第一时间派工派警。 • 其他应急准备：企业各相关部门依据预案规定的职责和分工要求开展相应应急准备	
响应启动	信息核实：机动哨兵现场核实是否为燃气泄漏	• 信息核实：确认为燃气泄漏，立即启动抢险队伍响应线。 • 排查警戒：在保证自身安全的前提下，采取开窗通风、关阀(表前阀、户外调压箱、	

	应急处置流程	应急处置要点	应急处置工器具配备建议
响应启动	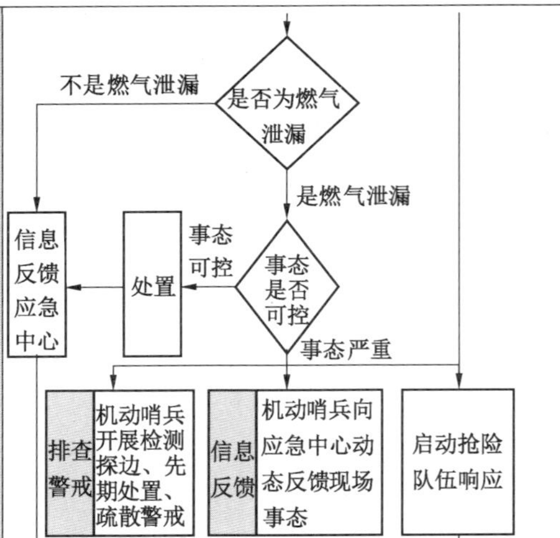	关闭运行锅炉、强制通风、关闭运行电气设备等)控制泄漏等措施，并动态开展探边、疏散和警戒。 • 信息反馈：保持与应急中心专线联系，排除其他线路干扰	• 机动哨兵工器具配备：泄漏检测仪、警示带、警示旗、喊话器、阀井钩子、阀井钥匙、对讲机
事态控制	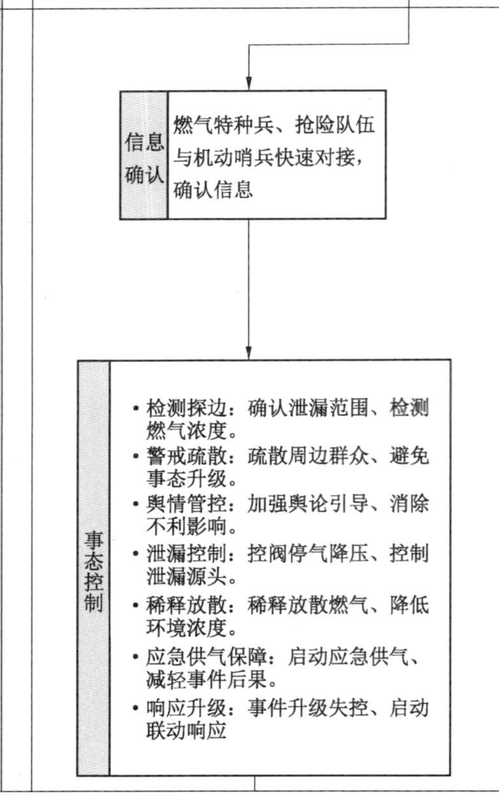	• 检测探边：禁火禁电，开展气体检测，查找划定达到燃气爆炸下限20%(即1%VOL)的边界和燃气浓度为0的边界，包括：①地上探边，包括楼道、锅炉房、排烟道、相连室内等区域；②地下探边，包括地下室、半地下室等区域；③沟井管道探边，包括给水、暖气、电力、电信等全部阀井、窨井、地下综合管廊，对发现有燃气浓度的井，应沿敷设管线向外扩展探测，查找燃气窜气蔓延的边界。 • 警戒疏散：①爆炸下限20%(1%VOL)为高风险区域，应布置警戒线及警示标识、实施燃气浓度检测监控、风向监控、入口设置静电释放装置，区域内应采取进入许可、作业审批等安全措施；②爆炸波及范围为人员疏散区，实行外围警戒、风向监控、动态监测、进入许可等	• 燃气特种兵工器具配备：便携式激光甲烷检测仪、防爆对讲机、防爆手机、防爆喊话器、防爆执法仪、防爆活动扳手、便携式风向标、警示带、调压箱钥匙。 • 抢险队伍工器具配备(按处置任务划分)： (1)检测探边：泄漏检测仪、执法仪、防爆对讲机、激光遥距检测仪、生产管理系统手持机、多气体检测仪(氧气、甲烷、有毒有害气体)、无人机检测、检测机器人、色谱分析仪、乙烷分析仪、吸真空泵。 (2)控阀作业：泄漏检测仪、防爆工具、U形压力计、泡沫喷壶、执法仪、防爆对讲机、生产管理系统手机、多气体检测仪(氧气、甲烷、有毒有害气体)、阀井钩子(铜制)、阀井钥匙、全身式安全带、主动送风长管式空气呼吸器、发电机、防爆轴流风机、警戒带、警示牌、路锥、应急救援三脚架、正压式呼吸器、防爆手电筒。 (3)放散作业：泄漏检测仪、执法仪、防爆对讲机、灭火器、

应急处置流程		应急处置要点	应急处置工器具配备建议
事态控制		措施；③由锅炉操作人员进行停炉、电气关闭操作。 • 泄漏控制：应立即关闭调压箱(柜)阀门，必要时关闭锅炉供气管道上下游阀门，控制燃气泄漏，派专人进行阀门监控，避免无关人员触动。 • 稀释放散：对泄漏区域周边建筑物、管沟、阀井、窨井、烟道等采取自然开放通风(如开盖通气)、防爆轴流风机强制通风等方法放散泄漏的燃气，尽量避免泄漏点周围燃气的浓度上升、泄漏范围扩大	主动送风长管式空气呼吸器、风向标、全量程检测仪、防爆轴流风机、发电机、临时静电释放桩、正压式呼吸器、防爆手电筒。 (4)禁火：泄漏检测仪、执法仪、防爆对讲机、防爆工具、灭火器。 (5)撤人：执法仪、防爆对讲机、扩音喇叭、指引旗、疏散标示贴(无人、已撤离、未撤离)、泄漏范围计算数据模型、防爆扩音喇叭、手动报警器、声光引导棒、疏散集合点标识牌、防爆手电筒。 (6)警戒：泄漏检测仪、执法仪、防爆对讲机、生产管理系统手持机、移动式照明设备(防爆)、夜间警示灯、警戒带、警示牌、路锥、支架、反光安全背心、外围声光警戒。 (7)现场舆论控制：执法仪、应急通信车、工业视频监控
现场抢修	是否已知漏点 未知漏点 → 查漏：抢险队伍查找漏点；注意第二漏点 已知漏点 → 现场抢修： • 制定抢修方案：结合现场环境和专家意见制定抢修方案，并进行技术交底。 • 确认抢修条件：对作业环境、作业人员、作业工具、安全措施进行确认。 • 实施抢修作业：实施抢修作业和质量验收，并开展后续监测	• 抢修全过程要动态开展风险评估，关注周边燃气浓度变化，控制人员进场。 • 查漏：①综合运用压力检测、流量监测、燃气浓度检测、中心区域钻孔取样检测、循迹检测、分段打压查漏法、添加香味剂颜色剂、排查焊点法等方法；②注意考虑第二泄漏点；③对锅炉供气管道阀门、管道接口逐一排查。 • 实施抢修作业：①制定抢修方案并交底，实施抢修；②修复质量验收(包括严密性试验、压力试验等安全测试)；③后续监测：24小时之内对修复泄漏部位进行全面检测，一周之内再次进行复查	• 抢险队伍工器具配备(按处置任务划分)：泄漏检测仪、执法仪、防爆工具、防爆对讲机、临时堵漏工具、发电机、焊机、断管设施(气焊、割管机等)、呼吸器、防爆油、管材管件、法兰盲板、管帽、移动照明设备(防爆)、灭火器、封堵设备、注脂套管等补强工具、空压机

	应急处置流程	应急处置要点	应急处置工器具配备建议
恢复供气	复气：应按CJJ51要求，对受影响场所的燃气设备设施进行安全试验、恢复供气	•以下情况严禁恢复供气：①抢修现场曾检测有燃气浓度显示，但没有找到泄漏原因；②抢修现场发现漏点后，泄漏没有彻底处理或根源没有消除的；③抢修现场燃气浓度仍然超标；④没有进行置换通气前的安全检查和试验；⑤没有通知相关用户的；⑥报警装置配置不足的、失效的，排风设施失效的；⑦现场存在燃气重大隐患的	•抢险队伍工器具配备(按处置任务划分)：全量程检测仪、执法仪、U形压力计、泡沫喷壶、防爆工具、防爆对讲机、生产管理系统手持机、便携式放散管、氮气车、电子压力计、移动式放散塔
解除应急	响应结束		
后期处置	善后处置；事故调查；应急救助		

附录 14　城镇燃气用户端居民（含农村用户）户内燃气泄漏处置指导流程图

阶段	应急处置流程	应急处置要点	应急处置工器具配备建议
接警报告	信息接收 设置24小时接警电话 ↓ 基本问询：询问地点、周边环境等，初步研判事态 风险提示：告知风险、引导处置、指导避险 引导警戒：争取并引导报警人协助警戒，以第一时间控制事态 ↓ 信息报送：同级、逐级报送，以快速预警或响应	• 基本问询：询问街区、地标、综合体名称、用户名称、店铺楼层、报警人身份、气味是否明显、能否听到气流声等用户端典型特征。 • 风险提示：告知燃气易燃易爆的特性、现场保持禁火禁电；远离有气味区域接打电话；指导用户端报警人开窗通风、关阀切断气源；告知报警人不得乘坐电梯、接触周边电气设备；必要时告知报警人实施紧急避险。 • 引导警戒：争取报警人协助开展初步安全警戒工作，警戒区域内严禁一切车辆及人员进入，禁火、断电。在楼下等待，协助引导机动哨兵快速抵达现场	
应急预警	派工派警：第一时间调派机动哨兵赶赴现场，同步应急准备 研判响应级别与影响 事态严重	• 研判：根据事故性质、严重程度、影响范围和可控性研判。 • 应急准备：第一时间派工派警。 • 其他应急准备：企业各相关部门依据预案规定的职责和分工要求开展相应应急准备	
响应启动	信息核实：机动哨兵现场核实是否为燃气泄漏		

<table>
<tr><th></th><th>应急处置流程</th><th>应急处置要点</th><th>应急处置工器具配备建议</th></tr>
<tr><td>响应启动</td><td>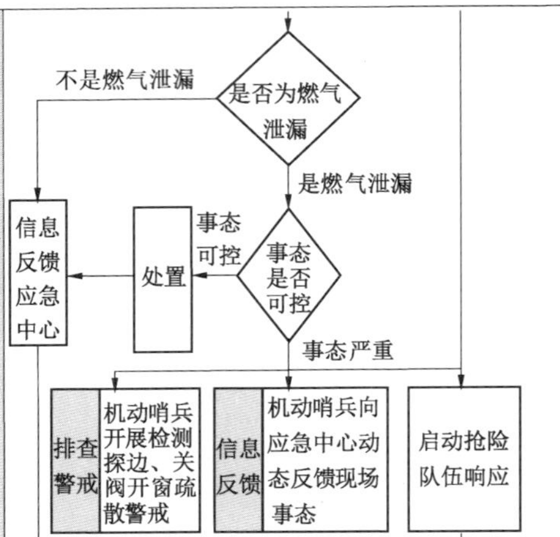
</td><td>•信息核实：确认为燃气泄漏，立即启动抢险队伍响应线。
•排查警戒：在保证自身安全的前提下，开窗通风，关阀表前阀进行维修；关闭表前阀无效的，关闭户外立管阀、调压箱阀等上游气源阀门，并动态开展探边、疏散和警戒。
•信息反馈：保持与应急中心专线联系，排除其他线路干扰</td><td>•机动哨兵工器具配备：泄漏检测仪、警示带、警示旗、喊话器、阀井钩子、阀井钥匙、对讲机</td></tr>
<tr><td>事态控制</td><td>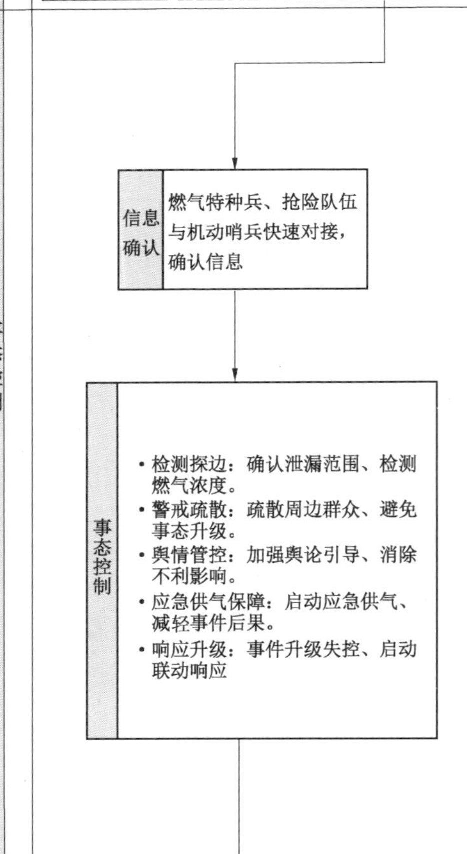
</td><td>•检测探边：禁火禁电，开展气体检测，查找划定达到燃气爆炸下限20%(即1%VOL)的边界和燃气浓度为0的边界，包括：①地上探边，包括楼道、电梯井、电线电缆井、设备间、户内等；②地下探边，包括地下室、半地下室、车库等区域；③沟井管道探边，包括给水、暖气、电力、电信等全部阀井、窨井。
•警戒疏散：①爆炸下限20%(1%VOL)为高风险区域，应布置警戒线及警示标识、实施燃气浓度检测监控、风向监控、入口设置静电释放装置，区域内应采取进入许可、作业审批等安全措施；②爆炸波及范围为人员疏散区，实行外围警戒、风向监控、动态监测、进入许可等措施；③当燃气未扩散到泄漏户以外区域，要疏散泄漏户所在单元的人员；当检测到燃气扩散到楼道、电梯井等泄漏户以外区域时，要疏散泄漏户整栋楼的人员</td><td>•燃气特种兵工器具配备：便携式激光甲烷检测仪、防爆对讲机、防爆手机、防爆喊话器、防爆执法仪、防爆活动扳手、便携式风向标、警示带、调压箱钥匙。
•抢险队伍工器具配备(按处置任务划分)：
(1) 检测探边：泄漏检测仪、执法仪、防爆对讲机、激光遥距检测仪、生产管理系统手持机、多气体检测仪(氧气、甲烷、有毒有害气体)、无人机检测、检测机器人、色谱分析仪、乙烷分析仪、吸真空泵。
(2) 禁火：泄漏检测仪、执法仪、防爆对讲机、防爆工具、灭火器。
(3) 撤人：执法仪、防爆对讲机、扩音喇叭、指引旗、疏散标示贴(无人、已撤离、未撤离)、泄漏范围计算数据模型、防爆扩音喇叭、手动报警器、声光引导棒、疏散集合点标识牌、防爆手电筒。
(4) 警戒：泄漏检测仪、执法仪、防爆对讲机、生产管理系统手持机、移动式照明设备(防爆)、夜间警示灯、警戒带、警示牌、路锥、支架、反光安全背心、外围声光警戒。
(5) 现场舆论控制：执法仪、应急通信车、工业视频监控</td></tr>
</table>

阶段	应急处置流程	应急处置要点	应急处置工器具配备建议
现场抢修	是否已知漏点 未知漏点 → 查漏：抢险队伍查找漏点；注意第二漏点 已知漏点 → 现场抢修： • 制定抢修方案：结合现场环境和专家意见制定抢修方案，并进行技术交底。 • 确认抢修条件：对作业环境、作业人员、作业工具、安全措施进行确认。 • 实施抢修作业：实施抢修作业和质量验收，并开展后续监测	• 抢修全过程要动态开展风险评估，关注周边燃气浓度变化，控制人员进场。 • 查漏：①用肥皂水查漏、燃气浓度检测、分段打压查漏法等方法查找漏点，查漏要注意考虑第二泄漏点；②注意考虑第二泄漏点。 • 实施抢修作业：①制定抢修方案并交底，实施抢修；②修复质量验收(包括严密性试验、压力试验等安全测试)；③后续监测：24小时之内对修复泄漏部位进行全面检测，一周之内再次进行复查	• 抢险队伍工器具配备(按处置任务划分)：泄漏检测仪、执法仪、防爆工具、防爆对讲机、临时堵漏工具、发电机、焊机、断管设施(气焊、割管机等)、呼吸器、防爆油、管材管件、法兰盲板、管帽、移动照明设备(防爆)、灭火器、封堵设备、注脂套管等补强工具、空压机
恢复供气	复气：应按CJJ51要求，对受影响场所的燃气设备设施进行安全试验、恢复供气	• 以下情况严禁恢复供气：①抢修现场曾检测有燃气浓度显示，但没有找到泄漏原因；②抢修现场发现漏点后，泄漏没有彻底处理或根源没有消除的；③抢修现场燃气浓度仍然超标；④没有进行置换通气前的安全检查和试验；⑤没有通知相关用户的；⑥燃烧器具过期的、损坏仍然使用的、连接软管过期的；⑦现场存在燃气重大隐患的	• 抢险队伍工器具配备(按处置任务划分)：全量程检测仪、执法仪、U形压力计、泡沫喷壶、防爆工具、防爆对讲机、生产管理系统手持机、便携式放散管、氮气车、电子压力计、移动式放散塔
解除应急	响应结束		
后期处置	善后处置　事故调查　应急救助		

附录15　城镇燃气用户端居民（含农村用户）楼道泄漏处置指导流程图

	应急处置流程	应急处置要点	应急处置工器具配备建议
接警报告	信息接收 设置24小时接警电话 ↓ 基本问询：询问地点、周边环境等，初步研判事态 风险提示：告知风险、引导处置、指导避险 引导警戒：争取并引导报警人协助警戒，以第一时间控制事态 ↓ 信息报送：同级、逐级报送，以快速预警或响应	•基本问询：询问街区、地标、综合体名称、用户名称、店铺楼层、报警人身份、气味是否明显、能否听到气流声等用户端典型特征。 •风险提示：告知燃气易燃易爆的特性、现场保持禁火禁电；远离有气味区域接打电话；指导用户端报警人开窗通风、关阀切断气源；告知报警人不得乘坐电梯、接触周边电气设备；必要时告知报警人实施紧急避险。 •引导警戒：争取报警人协助开展初步安全警戒工作，警戒区域内严禁一切车辆及人员进入，禁火、断电。在楼下等待，协助引导机动哨兵快速抵达现场	
应急预警	派工派警：第一时间调派机动哨兵赶赴现场，同步应急准备 研判响应级别与影响 事态严重	•研判：根据事故性质、严重程度、影响范围和可控性研判。 •应急准备：第一时间派工派警。 •其他应急准备：企业各相关部门依据预案规定的职责和分工要求开展相应应急准备	
响应启动	信息核实：机动哨兵现场核实是否为燃气泄漏		

	应急处置流程	应急处置要点	应急处置工器具配备建议
响应启动	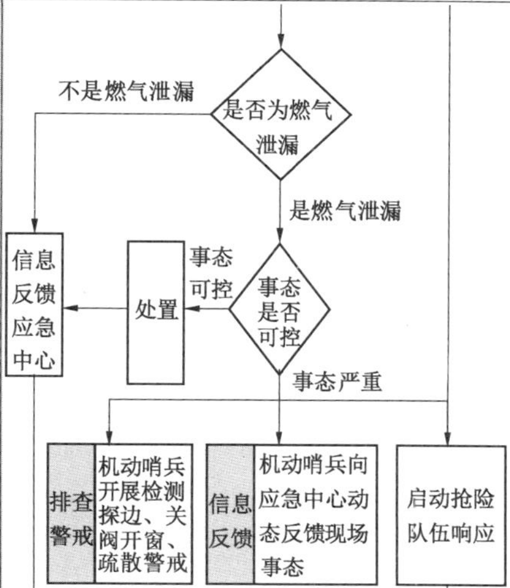	•信息核实：确认为燃气泄漏，立即启动抢险队伍响应线。 •排查警戒：在保证自身安全的前提下，开窗通风，关阀表前阀进行维修；关闭表前阀无效的，关闭户外立管阀、调压箱阀等上游气源阀门，并动态开展探边、疏散和警戒。 •信息反馈：保持与应急中心专线联系，排除其他线路干扰	•机动哨兵工器具配备：泄漏检测仪、警示带、警示旗、喊话器、阀井钩子、阀井钥匙、对讲机
事态控制	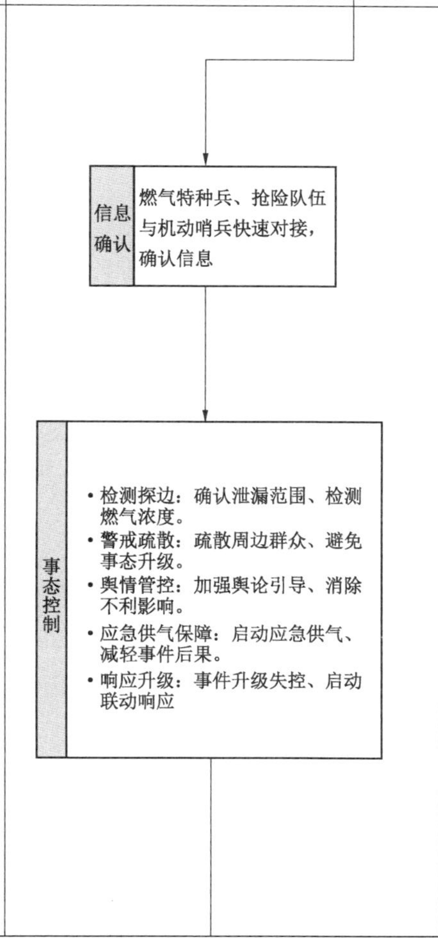	•检测探边：禁火禁电，开展气体检测，查找划定达到燃气爆炸下限20%(即1%VOL)的边界和燃气浓度为0的边界，包括：①地上探边，包括楼道、户内等；②地下探边，包括地下室、半地下室、车库等区域；③沟井管道探边，包括给水、暖气、电力、电信等全部阀井、窨井。 •警戒疏散：①爆炸下限20%(1%VOL)为高风险区域，应布置警戒线及警示标识、实施燃气浓度检测监控、风向监控、入口设置静电释放装置，区域内应采取进入许可、作业审批等安全措施；②爆炸波及范围为人员疏散区，实行外围警戒、风向监控、动态监测、进入许可等措施	•燃气特种兵工器具配备：便携式激光甲烷检测仪、防爆对讲机、防爆手机、防爆喊话器、防爆执法仪、防爆活动扳手、便携式风向标、警示带、调压箱钥匙。 •抢险队伍工器具配备(按处置任务划分)： (1)检测探边：泄漏检测仪、执法仪、防爆对讲机、激光遥距检测仪、生产管理系统手持机、多气体检测仪(氧气、甲烷、有毒有害气体)、无人机检测、检测机器人、色谱分析仪、乙烷分析仪、吸真空泵。 (2)禁火：泄漏检测仪、执法仪、防爆对讲机、防爆工具、灭火器。 (3)撤人：执法仪、防爆对讲机、扩音喇叭、指引旗、疏散标示贴(无人、已撤离、未撤离)、泄漏范围计算数据模型、防爆扩音喇叭、手动报警器、声光引导棒、疏散集合点标识牌、防爆手电筒。 (4)警戒：泄漏检测仪、执法仪、防爆对讲机、生产管理系统手持机、移动式照明设备(防爆)、夜间警示灯、警戒带、警示牌、路锥、支架、反光安全背心、外围声光警戒。 (5)现场舆论控制：执法仪、应急通信车、工业视频监控

	应急处置流程	应急处置要点	应急处置工器具配备建议
现场抢修	是否已知漏点 已知漏点 → 现场抢修 未知漏点 → 查漏：抢险队伍查找漏点；注意第二漏点 → 现场抢修 现场抢修： • 制定抢修方案：结合现场环境和专家意见制定抢修方案，并进行技术交底。 • 确认抢修条件：对作业环境、作业人员、作业工具、安全措施进行确认。 • 实施抢修作业：实施抢修作业和质量验收，并开展后续监测	• 抢修全过程要动态开展风险评估，关注周边燃气浓度变化，控制人员进场。 • 查漏：①用肥皂水查漏、燃气浓度检测、分段打压查漏法等方法查找漏点，查漏要注意考虑第二泄漏点；②注意考虑第二泄漏点。 • 实施抢修作业：①制定抢修方案并交底，实施抢修；②修复质量验收(包括严密性试验、压力试验等安全测试)；③后续监测：24小时之内对修复泄漏部位进行全面检测，一周之内再次进行复查	• 抢险队伍工器具配备(按处置任务划分)：泄漏检测仪、执法仪、防爆工具、防爆对讲机、临时堵漏工具、发电机、焊机、断管设施(气焊、割管机等)、呼吸器、防爆油、管材管件、法兰盲板、管帽、移动照明设备(防爆)、灭火器、封堵设备、注脂套管等补强工具、空压机
恢复供气	复气：应按CJJ51要求，对受影响场所的燃气设备设施进行安全试验、恢复供气	• 以下情况严禁恢复供气：①抢修现场曾检测有燃气浓度显示，但没有找到泄漏原因；②抢修现场发现漏点后，泄漏没有彻底处理或根源没有消除的；③抢修现场燃气浓度仍然超标；④没有进行置换通气前的安全检查和试验；⑤没有通知相关用户的；⑥现场存在燃气重大隐患的	• 抢险队伍工器具配备(按处置任务划分)：全量程检测仪、执法仪、U形压力计、泡沫喷壶、防爆工具、防爆对讲机、生产管理系统手持机、便携式放散管、氮气车、电子压力计、移动式放散塔
解除应急	响应结束		
后期处置	善后处置；事故调查；应急救助		

附录 16　城镇燃气厂站端非工艺区泄漏处置指导流程图

	应急处置流程	应急处置要点	应急处置工器具配备建议
信息报告	**信息报送**：第一时间报站控室、站长等相关人员 ↓	• 第一时间将具体情况(泄漏位置、泄漏量等信息)报告给站控室，站控室及时报告站长等相关人员。 • 应使用防爆对讲机、防爆手机	
应急预警	**是否已知泄漏点** —不明泄漏→ **漏点排查**：查明具体泄漏位置、泄漏程度（浓度）→ **初步研判** —已知漏点→ **初步研判** **初步研判**：初步研判突发事件级别 ↓	• 根据厂站内非工艺区所涉及的辅助燃气设备或食堂自用气等工艺流程、泄漏位置、严重程度、影响范围和可控性等因素，结合响应分级明确的条件，初步研判突发事件级别	
响应启动	**响应启动**：控制事态、疏散警戒 ↓	•厂站应急处置以第一时间控制事态为目标，按照应急处置方案开展应急处置。视情况申请启动上级单位应急响应或协调抢险救援队等应急工作组支援。 •组织疏散厂站内的非应急抢险人员，设置警戒区域。必要时，可根据燃气浓度检测情况，将警戒区域由厂站扩大到厂站周边，并随时监测周围环境的燃气浓度	• 工器具配备：防爆对讲机、防爆手机、本安型防爆智能安全帽
事态控制	↓		• 工器具配备(按处置任务划分)： (1)检测探边：泄漏检测仪(含四合一检测仪)、防爆对讲机、激光遥距检测仪、路面打孔机、正压式空气呼吸器、注氮设备(含香精)、生产管理系统手持机、移动式照明设备、夜间警示灯、风向标、警戒

	应急处置流程	应急处置要点	应急处置工器具配备建议
事态控制	↓ **事态控制** • 可停气时，立即关闭上下游阀门切断气源； • 不可停气时，先控制，待停气后再处置； • 事态不可控时，立即上报，并做好停气准备 ↓	• 仪表设备的接口处或法兰处发生泄漏，应立即关闭上游切断阀，切断泄漏源。 • 辅助燃气设备发生的泄漏：①泄漏量小，事态可控时，应做好现场警戒和持续监控，可使用防爆事故排风机等设备降低非工艺区的燃气浓度，待做好停气准备后，再行处置；②泄漏量大，事态不可控，且影响工艺区生产供气时，应立即上报公司主要负责人，并做好停气准备，尽量减少经济损失和停气影响	带、警示牌、路锥、涉及液化天然气场站应配备防冻服、防冻手套等劳动防护用品、泄漏检测云台、检测机器人、色谱分析仪、吸真空泵。 (2)控阀：泄漏检测仪(含四合一检测仪)、防爆对讲机、防爆手电、阀井钩子、全身式安全带、三脚架、长管式空气呼吸器、正压式空气呼吸器、防爆工具、生产管理系统手持机、涉及液化天然气的应配备防冻服、防寒手套等劳动防护用品、防火服。 (3)放散：泄漏检测仪(含四合一检测仪)、防爆对讲机、灭火器、正压式空气呼吸器、风向标、涉及液化天然气应配备防冻服、防冻裙、防冻手套、护目镜等劳动防护用品、防爆轴流风机、发电机、阻火器。 (4)禁火：泄漏检测仪(含四合一检测仪)、防爆对讲机、车辆阻火器、防爆工具、灭火器。 (5)撤人：防爆对讲机、防爆扩音喇叭、指引旗、担架、急救箱、泄漏范围计算数据模型、全站应急广播系统、伤员运送车。 (6)警戒：泄漏检测仪(含四合一检测仪)、防爆对讲机、警戒带、警示牌、路锥、支架、生产管理系统手持机、外围声光警戒。 (7) 现场舆论控制：执法仪、应急通信车、工业视频监控
现场抢修	↓ **现场抢修** • 制定抢修方案，并进行技术交底。 • 确认抢修条件：对作业环境、作业人员、作业工具、安全措施进行确认。 • 实施抢修作业：实施抢修作业和质量验收，并开展后续监测	• 在辅助用房内部等封闭空间实施抢修作业时，应采取盲板封堵等措施实施有效的能量隔离，并严格遵守“先通风、再检测、后作业”要求。 • 存在爆炸风险的，应当采取消除或者控制措施，相关电气设施设备、照明灯具、应急救援装备等应当符合防爆安全要求。 • 对燃气设备实施抢修作业时，应确保切断设备电源	• 工器具配备(按处置任务划分)：泄漏检测仪(含四合一检测仪)、防爆对讲机、发电机、焊机、抽水泵、铁锹、防爆移动照明设备、移动式防爆配电箱、割管机、围挡、防爆工具、灭火器、堵漏夹具、临时堵漏工具、断管设施(气焊、割管器等器材)、正压式呼吸器、防爆油、三脚架、液压千斤顶、空气压缩机、红外线测温仪、法兰劈开器、螺母劈开器、液压扳手、涉及液化天然气应配备防冻服、防冻手套等劳动防护用品、挖机、防腐层检测仪

	应急处置流程	应急处置要点	应急处置工器具配备建议
恢复供气	↓ **复气**：应按CJJ51要求，对停气的工艺设备进行安全试验、恢复供气 ↓	• 处置完成后应结合实际恢复相关工艺流程，检查压力、温度等运行参数是否复符合要求，检查阀门和使用燃气的生产辅助设备运行状态，确保运行正常	• 工器具配备(按处置任务划分)：泄漏检测仪(含四合一检测仪)、防爆对讲机、生产管理系统手持机、空压机、氮气车、超声波探伤仪器、渗透检测套装
解除应急	响应结束 ↓		
后期处置	善后处置 / 事故调查 / 应急救助		

附录 17　城镇燃气厂站端工艺区泄漏处置指导流程图

	应急处置流程	应急处置要点	应急处置工器具配备建议
信息报告	信息报送：第一时间报站控室、站长等相关人员	•第一时间将具体情况(泄漏位置、泄漏量等信息)报告给站控室，站控室及时报告站长等相关人员。 •应使用防爆对讲机、防爆手机	
应急预警	是否已知泄漏点 不明泄漏 → 漏点排查：查明具体泄漏位置、泄漏程度（浓度） 已知漏点 → 初步研判：初步研判突发事件级别	•漏点排查：便携式可燃气体检测仪从厂站由外向内检测空气中燃气浓度，查明具体泄漏位置、泄漏程度(浓度)，确认漏点	
响应启动	响应启动：控制事态、疏散警戒	•厂站应急处置以第一时间控制事态为目标，按照应急处置方案开展应急处置。视情况申请启动上级单位应急响应或协调抢险救援队等应急工作组支援。 •组织疏散厂站内的非应急抢险人员，设置警戒区域。必要时，可根据燃气浓度检测情况，将警戒区域由厂站扩大到厂站周边，并随时监测周围环境的燃气浓度	•工器具配备：防爆对讲机、防爆手机、本安型防爆智能安全帽
事态控制			•工器具配备(按处置任务划分)： (1)检测探边：泄漏检测仪(含四合一检测仪)、防爆对讲机、激光遥距检测仪、

	应急处置流程	应急处置要点	应急处置工器具配备建议
事态控制	↓ **事态控制**：切断泄漏源，放散管道内燃气，控制火势，协助社会应急力量处置 ↓	• 单体设备泄漏：①关阀切断泄漏源；②如不能关阀且泄漏量小，通知下游做好停气准备，再行处置；③泄漏量大，关闭进出站上、下游阀门，并利用放空系统放散站内工艺管道的燃气。 • 工艺管路泄漏：①切换备用管路；②无法切换备用管路或大量泄漏，果断拍下厂站ESD按钮(或关闭进出站阀门)，并利用放空系统放散站内工艺管道的燃气；如果ESD按钮失效(或进出站阀门无法关闭)，事态不可控，可关闭进、出站的上、下游阀门，切断泄漏源，并利用放空系统放散站内工艺管道的燃气。 • 着火、爆炸控制：当燃气设施发生火灾时，应采取切断气源或降低压力等方法控制火势，并应防止产生负压；当发生火灾、爆炸等事故，危及燃气设施和周围环境的安全时，应协助公安、消防及其他有关部门进行处置	路面打孔机、正压式空气呼吸器、注氮设备(含香精)、生产管理系统手持机、移动式照明设备、夜间警示灯、风向标、警戒带、警示牌、路锥、涉及液化天然气场站应配备防冻服、防冻手套等劳动防护用品、泄漏检测云台、检测机器人色谱分析仪、吸真空泵。 (2)控阀：泄漏检测仪(含四合一检测仪)、防爆对讲机、防爆手电、阀井钩子、全身式安全带、三脚架、长管式空气呼吸器、正压式空气呼吸器、防爆工具、生产管理系统手持机、涉及液化天然气的应配备防冻服、防寒手套等劳动防护用品、防火服。 (3)放散：泄漏检测仪(含四合一检测仪)、防爆对讲机、灭火器、正压式空气呼吸器、风向标、涉及液化天然气应配备防冻服、防冻裙、防冻手套、护目镜等劳动防护用品、防爆轴流风机、发电机、阻火器。 (4)禁火：泄漏检测仪(含四合一检测仪)、防爆对讲机、车辆阻火器、防爆工具、灭火器。 (5)撤人：防爆对讲机、防爆扩音喇叭、指引旗、担架、急救箱、泄漏范围计算数据模型、全站应急广播系统、伤员运送车。 (6)警戒：泄漏检测仪(含四合一检测仪)、防爆对讲机、警戒带、警示牌、路锥、支架、生产管理系统手持机、外围声光警戒。 (7)现场舆论控制：执法仪、应急通信车、工业视频监控
现场抢修	↓ **现场抢修**： • 制定抢修方案，并进行技术交底。 • 确认抢修条件：对作业环境、作业人员、作业工具、安全措施进行确认。 • 实施抢修作业：实施抢修作业和质量验收，并开展后续监测	• 应采取盲板封堵等措施实施有效的能量隔离。 • 如涉及阀井等有限空间，还应严格遵守“先通风、再检测、后作业”要求。 • 存在爆炸风险的，应当采取消除或者控制措施，相关电气设施设备、照明灯具、应急救援装备等应当符合防爆安全要求	• 工器具配备(按处置任务划分)：泄漏检测仪(含四合一检测仪)、防爆对讲机、发电机、焊机、抽水泵、铁锹、防爆移动照明设备、移动式防爆配电箱、割管机、围挡、防爆工具、灭火器、堵漏夹具、临时堵漏工具、断管设施(气焊、割管器等器材)、正压式呼吸器、防爆油、三脚架、液压千斤顶、空气压缩机、红外线测温仪、法兰劈开器、螺母劈开器、液压扳手、涉及液化天然气应配备防冻服、防冻手套等劳动防护用品、挖机、防腐层检测仪

	应急处置流程	应急处置要点	应急处置工器具配备建议
恢复供气	复气：应按CJJ51要求，对停气的工艺设备进行安全试验、恢复供气	• 处置完成后应结合实际恢复相关工艺流程，检查压力、温度等运行参数是否符合要求，检查阀门状态、ESD按钮和工艺设备设施运行状态，确保运行正常	• 工器具配备(按处置任务划分)：泄漏检测仪(含四合一检测仪)、防爆对讲机、生产管理系统手持机、空压机、氮气车、超声波探伤仪器、渗透检测套装
解除应急	响应结束		
后期处置	善后处置；事故调查；应急救助		

附录 18 城镇燃气厂站端加气（液）区泄漏处置指导流程图

	应急处置流程	应急处置要点	应急处置工器具配备建议
信息报告	信息报送：第一时间报站控室、站长等相关人员	• 第一时间将具体情况(泄漏位置、泄漏量等信息)报告给站控室，站控室及时报告站长等相关人员。 • 应使用防爆对讲机、防爆手机	
应急预警	是否已知泄漏点 不明泄漏 → 漏点排查：查明具体泄漏位置、泄漏程度（浓度） 已知漏点 → 初步研判：初步研判突发事件级别	• 漏点排查：①CNG母站、CNG标准站、CNG子站，首先通过声音、气味和风向辨识泄漏发生的大致区域，然后在大致区域内使用可燃气体检测仪进行细致排查，根据检测仪显示读数，逐步缩小排查范围，之后重点排查法兰、阀门、焊接口，查明具体泄漏位置、泄漏程度(浓度)；②LNG加气站，首先观察出现白雾的区域，再对出现白雾的区域使用可燃气体检测仪进行细致排查，重点排查法兰、阀门、焊接口部位，查明具体泄漏位置、泄漏程度；如未观察到出现白雾的区域，则将排查重点区域放在管沟处，通过可燃气体检测仪探测头伸入管沟处进行检测，根据读数，确认泄漏区域	
响应启动	响应启动：控制事态、疏散警戒	• 厂站应急处置以第一时间控制事态为目标，按照应急处置方案开展应急处置。视情况申请启动上级单位应急响应或协调抢险救援队等应急工作组支援。 • 立即停止加气，组织在场车辆熄火，通知驾驶人员迅速离车，撤离到安全地点，立即对加气区警戒，严禁一切车辆及人员进入。 • 警戒区域内禁火，安排专人对警戒区域边缘坑、井进行检测，出现报警立即扩大警戒疏散范围	• 工器具配备：防爆对讲机、防爆手机、本安型防爆智能安全帽
事态控制		• CNG厂站泄漏控制：①如是管沟工艺管线处发生微小泄漏，顺序关闭控制盘出口管道阀门；②如是管沟工艺管线处发生大量泄漏，应首先拍下全站ESD按钮，人员撤离至安全地点，缓慢打开管沟盖板，打开远离泄漏位置加气机的放散阀，让其稳定放散。	• 工器具配备(按处置任务划分)： (1) 检测探边：泄漏检测仪(含四合一检测仪)、防爆对讲机、激光遥距检测仪、路面打孔机、正压式空气呼吸器、注氮设备(含香精)、生产管理系统手持机、移动式照明设备、夜间警示灯、风向标、警戒带、警示牌、路锥、涉及液化天然气场站应配

	应急处置流程	应急处置要点	应急处置工器具配备建议
事态控制	**事态控制** • 泄漏控制：控阀停气降压、控制泄漏源头。 • 环境控制：稀释放散燃气、降低环境浓度。 • 响应升级：事件升级失控、请求外部支援	• LNG加气站泄漏控制：①如是微小泄漏，对于LNG加气站关闭潜液泵出口阀门，关闭加气机紧急切断阀，打开管沟盖板，放散泄漏气体，打开加气机放散阀放空泄压；②如是大量泄漏，形成大量白雾，无法辨识泄漏点，应首先拍下全站ESD按钮，此时切勿切断任何电源，在远离白雾位置进行放空泄压，让其稳定泄漏。 • 环境控制：①进行实时可燃气体监测，并确保监测位置处于下风向；②对所有现场相邻的阀门井、污水井、电缆井等地下管沟、设施加强排查，用可燃气体检测仪进行不间断的检测，严密排查燃气窜入相邻区域的可能性	备防冻服、防冻手套等劳动防护用品、泄漏检测云台、检测机器人、色谱分析仪、吸真空泵。 (2)控阀：泄漏检测仪(含四合一检测仪)、防爆对讲机、防爆手电、阀井钩子、全身式安全带、三脚架、长管式空气呼吸器、正压式空气呼吸器、防爆工具、生产管理系统手持机、涉及液化天然气的应配备防冻服、防寒手套等劳动防护用品、防火服。 (3)放散：泄漏检测仪(含四合一检测仪)、防爆对讲机、灭火器、正压式空气呼吸器、风向标、涉及液化天然气应配备防冻服、防冻裙、防冻手套、护目镜等劳动防护用品、防爆轴流风机、发电机、阻火器。 (4)禁火：泄漏检测仪(含四合一检测仪)、防爆对讲机、车辆阻火器、防爆工具、灭火器。 (5)撤人：防爆对讲机、防爆扩音喇叭、指引旗、担架、急救箱、泄漏范围计算数据模型、全站应急广播系统、伤员运送车。 (6)警戒：泄漏检测仪(含四合一检测仪)、防爆对讲机、警戒带、警示牌、路锥、支架、生产管理系统手持机、外围声光警戒。 (7)现场舆论控制：执法仪、应急通信车、工业视频监控
现场抢修	**现场抢修** • 制定抢修方案，并进行技术交底。 • 确认抢修条件：对作业环境、作业人员、作业工具、安全措施进行确认。 • 实施抢修作业：实施抢修作业和质量验收，并开展后续监测	• 处置前应做好应急抢维修的准备工作，必须使用防爆工具作业，落实安全措施，处置过程必须严格遵守维抢修操作规程。 • 应用消防水雾对泄漏位置进行稀释。 • 抢修人员进入作业区前应按规定穿戴防静电服、鞋及防护用具，并严禁在作业区内穿脱和摘戴；穿戴正压式呼吸器，要考虑进出现场时间，正压式呼吸器使用时间约为40分钟。 • 作业现场应有专人监护，严禁单独操作。 • 针对LNG，应防止液态天然气快速气化造成人员冻伤	• 工器具配备(按处置任务划分)：泄漏检测仪(含四合一检测仪)、防爆对讲机、发电机、焊机、抽水泵、铁锹、防爆移动照明设备、移动式防爆配电箱、割管机、围挡、防爆工具、灭火器、堵漏夹具、临时堵漏工具、断管设施(气焊、割管器等器材)、正压式呼吸器、防爆油、三脚架、液压千斤顶、空气压缩机、红外线测温仪、法兰劈开器、螺母劈开器、液压扳手、涉及液化天然气应配备防冻服、防冻手套等劳动防护用品、挖机、防腐层检测仪

应急处置流程		应急处置要点	应急处置工器具配备建议
恢复供气	复气：应按CJJ51要求，对停气的工艺设备进行安全试验、恢复供气	• 处置完成后应结合实际恢复相关工艺流程，检查压力、温度等运行参数是否符合要求，检查阀门状态、ESD按钮和工艺设备设施运行状态，确保运行正常	• 工器具配备(按处置任务划分)：泄漏检测仪(含四合一检测仪)、防爆对讲机、生产管理系统手持机、空压机、氮气车、超声波探伤仪器、渗透检测套装
解除应急	响应结束		
后期处置	善后处置 事故调查 应急救助		

附录 19　城镇燃气液化石油气（储配站）泄漏处置指导流程图

	应急处置流程	应急处置要点	应急处置工器具配备建议
信息报告	信息报送：第一时间报站控室、站长等相关人员 ↓ 不明泄漏	• 第一时间将具体情况(泄漏位置、泄漏量等信息)报告给站控室，站控室及时报告站长等相关人员。 • 应使用防爆对讲机、防爆手机	
应急预警	漏点排查：查明具体泄漏位置、泄漏程度（浓度） ↓ 初步研判：初步研判突发事件级别	• 漏点排查：携带便携式可燃气体(丙烷)检测仪(PPM级)、检漏壶、防爆扳手等工器具，从储配站用房由外向内(储罐区)排查泄漏点。查明具体泄漏位置、泄漏程度(浓度)	
响应启动	↓ 响应启动：控制事态、疏散警戒	• 厂站应急处置以第一时间控制事态为目标，按照应急处置方案开展应急处置。视情况申请启动上级单位应急响应或协调抢险救援队等应急工作组支援。 • 厂站工作人员迅速组织疏散储配站内泄漏区域的非应急抢险相关人员，同时利用储配站围墙等开展泄漏区域警戒，必要时，可根据燃气浓度检测情况，将警戒区域由厂站扩大到厂站周边，并随时监测周围环境的燃气浓度	• 工器具配备：防爆对讲机、防爆手机、本安型防爆智能安全帽
事态控制	↓	• 泄漏控制：①单体设备泄漏，应关闭根部阀，切断泄漏源；②运行工艺路法兰泄漏，应关闭泄漏工艺路的上下游阀门，切断泄漏源，并利用放空系统放散泄漏工艺路的燃气(如有备用管路，可切换至备用管	•工器具配备(按处置任务划分)： (1)检测探边：丙烷检测仪、防爆对讲机、激光遥距检测仪、路面打孔机、正压式空气呼吸器、注氮设备(含香精)、生产管理系统手持机、移动式照明设备、

应急处置流程	应急处置要点	应急处置工器具配备建议
事态控制 **事态控制** • 泄漏控制：控阀停气降压、控制泄漏源头。 • 环境控制：稀释放散燃气、降低环境浓度。 • 应急供气保障：启动应急供气、减轻事件后果。 • 响应升级：事件升级失控、请求外部支援	路)；③如不具备关闭根部阀、切换工艺流程等条件(或出现大量泄漏)，应果断按下储配站ESD按钮(或关闭进出储罐管路阀门)，切断泄漏源，并利用放空系统放散站内工艺管道的天然气；④如储罐或与储罐直接相连的第一道液相阀门(或法兰)处泄漏，首先关闭其他储罐的紧急切断阀，然后关闭烃泵及其他正在运行的设备。 • 环境控制：①进行实时可燃气体监测，并确保监测位置处于下风向；②对所有现场相邻的阀门井、污水井、电缆井等地下管沟、设施加强排查，用可燃气体检测仪进行不间断的检测，严密排查燃气窜入相邻区域的可能性；③如发生大量泄漏，在疏散人员的同时，尽快用消防水雾和防爆风机稀释泄漏物，防止形成爆炸环境。 • 火灾控制：①如发生液化石油气泄漏起火，要立即启动消防喷淋系统，对泄漏区域进行降温、隔离，并切断气源或降低压力控制火势，同时防止产生负压；②如火势已扩大，短时间内无法切断气源，应利用一切手段对相邻球罐和燃烧罐进行喷淋降温，孤立燃烧罐，让其稳定燃烧。此时，抢险重点应放在如何避免人员伤亡、防止灾难性事故发生上，切忌盲目施救	夜间警示灯、风向标、警戒带、警示牌、路锥、防冻服、防冻手套等劳动防护用品、泄漏检测云台、检测机器人、色谱分析仪、吸真空泵。 (2)控阀：丙烷检测仪、防爆对讲机、防爆手电、阀井钩子、全身式安全带、三脚架、长管式空气呼吸器、正压式空气呼吸器、防爆工具、生产管理系统手持机、防冻服、防寒手套等劳动防护用品、防火服。 (3)放散：丙烷检测仪、防爆对讲机、灭火器、正压式空气呼吸器、风向标、防冻服、防冻裙、防冻手套、护目镜等劳动防护用品、防爆轴流风机、发电机、阻火器。 (4)禁火：丙烷检测仪、防爆对讲机、车辆阻火器、防爆工具、灭火器。 (5)撤人：防爆对讲机、防爆扩音喇叭、指引旗、担架、急救箱、泄漏范围计算数据模型、全站应急广播系统、伤员运送车。 (6)警戒：丙烷检测仪、防爆对讲机、警戒带、警示牌、路锥、支架、生产管理系统手持机、外围声光警戒。 (7)现场舆论控制：执法仪、应急通信车、工业视频监控

	应急处置流程	应急处置要点	应急处置工器具配备建议
现场抢修	**现场抢修** • 制定抢修方案，并进行技术交底。 • 确认抢修条件：对作业环境、作业人员、作业工具、安全措施进行确认。 • 实施抢修作业：实施抢修作业和质量验收，并开展后续监测	• 处置前应做好应急抢维修的准备工作，必须使用防爆工具作业，落实安全措施，处置过程必须严格遵守维修抢修操作规程。 • 应用消防水雾对泄漏位置进行稀释。 • 抢修人员进入作业区前应按规定穿戴防静电服、鞋及防护用具，并严禁在作业区内穿脱和摘戴；穿戴正压式呼吸器，要考虑进出现场时间，正压式呼吸器使用时间约为40分钟。 • 作业现场应有专人监护，严禁单独操作。 • 应防止液态液化石油气快速气化造成人员冻伤	• 工器具配备(按处置任务划分)：丙烷检测仪、防爆对讲机、发电机、焊机、抽水泵、铁锹、防爆移动照明设备、移动式防爆配电箱、割管机、围挡、防爆工具、灭火器、堵漏夹具、临时堵漏工具、断管设施(气焊、割管器等器材)、正压式呼吸器、防爆油、三脚架、液压千斤顶、空气压缩机、红外线测温仪、法兰劈开器、螺母劈开器、液压扳手、防冻服、防冻手套等劳动防护用品、挖机、防腐层检测仪
恢复供气	**复气** 应按CJJ51要求，对停气的工艺设备进行安全试验、恢复供气	• 处置完成后应结合实际恢复相关工艺流程，检查压力、温度等运行参数是否符合要求，检查阀门状态、ESD按钮和工艺设备设施运行状态，确保运行正常	• 工器具配备(按处置任务划分)：丙烷检测仪、防爆对讲机、生产管理系统手持机、空压机、氮气车、超声波探伤仪器、渗透检测套装
解除应急	响应结束		
后期处置	善后处置 事故调查 应急救助		

附录 20　城镇燃气液化石油气（储配站装卸过程）泄漏处置指导流程图

	应急处置流程	应急处置要点	应急处置工器具配备建议
信息报告	信息报送：第一时间报站控室、站长等相关人员 ↓ 不明泄漏	• 第一时间将具体情况(泄漏位置、泄漏量等信息)报告给站控室，站控室及时报告站长等相关人员。 • 应使用防爆对讲机、防爆手机	
应急预警	漏点排查：查明具体泄漏位置、泄漏程度（浓度） ↓ 初步研判：初步研判突发事件级别	• 漏点排查：携带便携式可燃气体(丙烷)检测仪(PPM级)、检漏壶、防爆扳手等工器具，从储配站用房由外向内(储罐区)排查泄漏点。查明具体泄漏位置、泄漏程度(浓度)。 • 初步研判：根据槽车、装卸鹤管、气液相管路等的工艺流程、泄漏位置、严重程度、影响范围和可控性，结合响应分级明确的条件，初步研判突发事件级别	
响应启动	↓ 响应启动：控制事态、疏散警戒	• 厂站应急处置以第一时间控制事态为目标，按照应急处置方案开展应急处置。视情况申请启动上级单位应急响应或协调抢险救援队等应急工作组支援。 • 厂站工作人员迅速组织疏散储配站内泄漏区域的非应急抢险相关人员，同时利用储配站围墙等开展泄漏区域警戒，必要时，可根据燃气浓度检测情况，将警戒区域由厂站扩大到厂站周边，并随时监测周围环境的燃气浓度	• 工器具配备：防爆对讲机、防爆手机、本安型防爆智能安全帽
事态控制			• 工器具配备(按处置任务划分)： (1) 检测探边：丙烷检测仪、防爆对讲机、激光遥距检测仪、路面打孔机、正压式空气呼吸器、注氮设备(含香精)、生产管理系统手持机、移动式

应急处置流程		应急处置要点	应急处置工器具配备建议
事态控制	**事态控制** • 泄漏控制：控阀停气降压、控制泄漏源头。 • 环境控制：稀释放散燃气、降低环境浓度。 • 响应升级：事件升级失控、请求外部支援	• 泄漏控制：①首先可通过急停按钮停止槽车的充装操作，关闭充装管线相关阀门，控制所有槽车以及充装口上的阀门，关闭通向槽车的液相和气相阀门；②单体设备泄漏，应关闭根部阀，切断泄漏源； • ③如槽车连接管路泄漏且安全阀起跳，应立即打开液；④如槽车液相阀泄漏，应关闭车上的紧急切断阀；如果无效，应将车上的液相通过气相增压的方式倒入另一辆槽车(倒料)，同时对导入的槽车进行气相放空，以提高倒入速度。倒料完成后，对事故车辆进行气相放空。 • 环境控制：①进行实时可燃气体监测，并确保监测位置处于下风向；②对所有现场相邻的阀门井、污水井、电缆井等地下管沟、设施加强排查，用可燃气体检测仪进行不间断的检测，严密排查燃气窜入相邻区域的可能性；③如发生大量泄漏，在疏散人员的同时，尽快用消防水雾和防爆风机稀释泄漏物，防止形成爆炸环境	灯、风向标、警戒带、警示牌、路锥、防冻服、防冻手套等劳动防护用品、泄漏检测云台、检测机器人、色谱分析仪、吸真空泵。 (2) 控阀：丙烷检测仪、防爆对讲机、防爆手电、阀井钩子、全身式安全带、三脚架、长管式空气呼吸器、正压式空气呼吸器、防爆工具、生产管理系统手持机、防冻服、防寒手套等劳动防护用品、防火服。 (3)放散：丙烷检测仪、防爆对讲机、灭火器、正压式空气呼吸器、风向标、防冻服、防冻裙、防冻手套、护目镜等劳动防护用品、防爆轴流风机、发电机、阻火器。 (4)禁火：丙烷检测仪、防爆对讲机、车辆阻火器、防爆工具、灭火器。 (5)撤人：防爆对讲机、防爆扩音喇叭、指引旗、担架、急救箱、泄漏范围计算数据模型、全站应急广播系统、伤员运送车。 (6)警戒：丙烷检测仪、防爆对讲机、警戒带、警示牌、路锥、支架、生产管理系统手持机、外围声光警戒。 (7)现场舆论控制：执法仪、应急通信车、工业视频监控
现场抢修	**现场抢修** • 制定抢修方案，并进行技术交底。 • 确认抢修条件：对作业环境、作业人员、作业工具、安全措施进行确认。 • 实施抢修作业：实施抢修作业和质量验收，并开展后续监测	• 处置前应做好应急抢维修的准备工作，必须使用防爆工具作业，落实安全措施，处置过程必须严格遵守维抢修操作规程。 • 应用消防水雾对泄漏位置进行稀释。 • 抢修人员进入作业区前应按规定穿戴防静电服、鞋及防护用具，并严禁在作业区内穿脱和摘戴；穿戴正压式呼吸器，要考虑进出现场时间，正压式呼吸器使用时间约为40分钟。 • 作业现场应有专人监护，严禁单独操作。 • 应防止液态液化石油气快速气化造成人员冻伤	• 工器具配备(按处置任务划分)：丙烷检测仪、防爆对讲机、发电机、焊机、抽水泵、铁锹、防爆移动照明设备、移动式防爆配电箱、割管机、围挡、防爆工具、灭火器、堵漏夹具、临时堵漏工具、断管设施(气焊、割管器等器材)、正压式呼吸器、防爆油、三脚架、液压千斤顶、空气压缩机、红外线测温仪、法兰劈开器、螺母劈开器、液压扳手、防冻服、防冻手套等劳动防护用品、挖机、防腐层检测仪

应急处置流程		应急处置要点	应急处置工器具配备建议
恢复供气	复气：应按CJJ51要求，对停气的工艺设备进行安全试验、恢复供气	• 处置完成后应结合实际恢复相关工艺流程，检查压力、温度等运行参数是否符合要求，检查阀门状态、ESD按钮和工艺设备设施运行状态，确保运行正常	•工器具配备(按处置任务划分)：丙烷检测仪、防爆对讲机、生产管理系统手持机、空压机、氮气车、超声波探伤仪器、渗透检测套装
解除应急	响应结束		
后期处置	善后处置　事故调查　应急救助		

附录 21　城镇燃气液化石油气（灌装站灌装过程）泄漏处置指导流程图

	应急处置流程	应急处置要点	应急处置工器具配备建议
信息报告	信息报送：第一时间报站控室、站长等相关人员 ↓ 不明泄漏	• 第一时间将具体情况(泄漏位置、泄漏量等信息)报告给站控室，站控室及时报告站长等相关人员。 • 应使用防爆对讲机、防爆手机	
应急预警	漏点排查：查明具体泄漏位置、泄漏程度（浓度） ↓ 初步研判：初步研判突发事件级别 ↓	• 漏点排查：携带便携式可燃气体(丙烷)检测仪(PPM级)、检漏壶、防爆扳手等工器具，从罐瓶间最近使用的充装设备和充装钢瓶开始，根据声音、气味逐个检查接口，查明具体泄漏位置、泄漏程度(浓度)。 • 初步研判：根据罐瓶间或钢瓶泄漏位置、泄漏位置、严重程度、影响范围和可控性，结合响应分级明确的条件，初步研判突发事件级别	
响应启动	响应启动：控制事态、疏散警戒 ↓	• 厂站应急处置以第一时间控制事态为目标，按照应急处置方案开展应急处置。视情况申请启动上级单位应急响应或协调抢险救援队等应急工作组支援。 • 厂站工作人员迅速组织疏散灌装站内泄漏区域的非应急抢险相关人员，同时利用灌装站围墙等开展泄漏区域警戒，必要时，可根据燃气浓度检测情况，将警戒区域由厂站扩大到厂站周边，并随时监测周围环境的燃气浓度	• 工器具配备：防爆对讲机、防爆手机、本安型防爆智能安全帽
事态控制			• 工器具配备(按处置任务划分)： (1)检测探边：丙烷检测仪、防爆对讲机、激光遥距检测仪、路面打孔机、正压式空气呼吸器、注氮

	应急处置流程	应急处置要点	应急处置工器具配备建议
事态控制	事态控制： • 泄漏控制：控阀停气降压、控制泄漏源头。 • 响应升级：事件升级失控、请求外部支援	• 泄漏控制：① 如泄漏位置为灌装机或者充装枪接口，应立刻关闭上游阀门，切断泄漏源；② 如泄漏位置为正在充装的钢瓶，应立即将钢瓶移至平台通风处，并使用角阀堵头对角阀进行堵塞	设备(含香精)、生产管理系统手持机、移动式照明设备、夜间警示灯、风向标、警戒带、警示牌、路锥、防冻服、防冻手套等劳动防护用品、泄漏检测云台、检测机器人、色谱分析仪、吸真空泵。 (2)控阀：丙烷检测仪、防爆对讲机、防爆手电、阀井钩子、全身式安全带、三脚架、长管式空气呼吸器、正压式空气呼吸器、防爆工具、生产管理系统手持机、防冻服、防寒手套等劳动防护用品、防火服。 (3)放散：丙烷检测仪、防爆对讲机、灭火器、正压式空气呼吸器、风向标、防冻服、防冻裙、防冻手套、护目镜等劳动防护用品、防爆轴流风机、发电机、阻火器。 (4)禁火：丙烷检测仪、防爆对讲机、车辆阻火器、防爆工具、灭火器。 (5)撤人：防爆对讲机、防爆扩音喇叭、指引旗、担架、急救箱、泄漏范围计算数据模型、全站应急广播系统、伤员运送车。 (6)警戒：丙烷检测仪、防爆对讲机、警戒带、警示牌、路锥、支架、生产管理系统手持机、外围声光警戒。 (7)现场舆论控制：执法仪、应急通信车、工业视频监控
现场抢修	• 制定抢修方案，并进行技术交底。	• 使用高压胶管实施钢瓶之间的直接倒罐作业仅限于应急处置，其他正常作业严禁进行。倒罐作业过程	• 工器具配备(按处置任务划分)：丙烷检测仪、防爆对讲机、发电机、焊机、抽水泵、铁锹、防爆移动照明设备、移动式防爆配电箱、割管机、围挡、防爆工具、灭火器、堵漏夹具、临时堵漏工具、

	应急处置流程	应急处置要点	应急处置工器具配备建议
现场抢修	现场抢修：• 确认抢修条件：对作业环境、作业人员、作业工具、安全措施进行确认。 • 实施抢修作业：实施抢修作业和质量验收，并开展后续监测	中要做好现场的监护工作，谨防胶管破裂导致严重的液化气泄漏	断管设施(气焊、割管器等器材)、正压式呼吸器、防爆油、三脚架、液压千斤顶、空气压缩机、红外线测温仪、法兰劈开器、螺母劈开器、液压扳手、防冻服、防冻手套等劳动防护用品、挖机、防腐层检测仪
恢复供气	复气：应按CJJ51要求，对停气的工艺设备进行安全试验、恢复供气	• 处置完成后应结合实际恢复相关工艺流程，检查压力、温度等运行参数是否符合要求，检查阀门状态、ESD按钮和工艺设备设施运行状态，确保运行正常	• 工器具配备(按处置任务划分)：丙烷检测仪、防爆对讲机、生产管理系统手持机、空压机、氮气车、超声波探伤仪器、渗透检测套装
解除应急	响应结束		
后期处置	善后处置；事故调查；应急救助		

附录 22　城镇燃气液化石油气（零瓶配送过程）泄漏处置指导流程图

阶段	应急处置流程	应急处置要点
信息报告	信息报送：第一时间处置；同级、逐级上报	• 配送员应第一时间采取应急处置措施；如果现场泄漏情况超出了可控范围，配送人员应将具体情况(泄漏位置、泄漏量等信息)报告给应急中心，应急中心及时报告上级领导和相关应急人员
应急预警	安全停靠：在安全地点，停车、熄火、拉手刹 ↓ 漏点排查：查明具体泄漏位置、泄漏程度(浓度) ↓ 初步研判：初步研判突发事件级别	• 安全停靠：迅速将车辆停放在路边或紧急停车带内，没有紧急停车带的道路要尽可能靠右侧停在路边。确定停靠安全位置后立刻熄火、拉手刹。 • 漏点排查：配送员通过听、闻和便携式可燃气体检测仪(PPM级) 初步断定是否为液化石油气泄漏，如确认为液化石油气泄漏，应迅速关闭泄漏钢瓶阀门
响应启动	响应启动：控制事态、疏散警戒	• 配送员应急处置以第一时间控制事态为目标，按照应急处置方案开展应急处置。视情况申请启动上级单位应急响应或协调抢险救援队等应急工作组支援。 • 配送员迅速组织疏散配送车辆附近的人员，必要时可根据燃气浓度检测情况通过警戒带等设置警戒区域，警戒区域内严禁明火
事态控制	事态控制： • 泄漏控制：控阀停气降压、控制泄漏源头。 • 信息反馈：反馈现场事态、调度配送车辆	• 泄漏控制：如发生交通事故导致钢瓶损坏泄漏(瓶体变形或角阀无法关闭)：① 处于空旷地时，人员撤离配送车辆，疏散周边围观群众、往来车辆，同时在配送车辆周围实施警戒；② 处于人员密集场所，应立即将泄漏钢瓶转移至人员空旷地点，站立放置让其稳定泄漏，疏散周边围观群众、往来车辆，同时在泄漏钢瓶周边实施警戒。 • 停车位置尽可能避免高压电线、变压器等电气设施。

	应急处置流程	应急处置要点
事态控制	↓	• 配送员在处理事故时，应注意现场周边环境，特别是来往车辆、人员等危险因素
恢复运输	恢复运输 ↓	• 现场将泄漏钢瓶带回灌装站按规定做进一步处理。 • 恢复配送服务
解除应急	响应结束 ↓	
后期处置	善后处置 / 事故调查 / 应急救助	

附录 23　城镇燃气液化石油气（瓶装）商业用户泄漏处置指导流程图

	应急处置流程	应急处置要点	应急处置工器具配备建议
接警报告	信息接收 设置24小时接警电话 ↓ 基本问询：询问地点、周边环境等，初步研判事态 风险提示：告知风险、引导处置、指导避险 引导警戒：争取并引导报警人协助警戒，以第一时间控制事态 ↓ 信息报送：同级、逐级报送，以快速预警或响应	• 基本问询：询问街区、地标、具体位置、店铺名称、报警人身份、气瓶容量、是否为瓶组供气、燃气泄漏报警器是否报警、燃气泄漏气味是否明显、能否听到气流声等典型特征，以及周边人群等。 • 风险提示：告知燃气易燃易爆且容易在地上密闭空间积聚的特性；远离有气味区域接打电话；指导报警人开窗通风、关闭气瓶(和/或瓶组)角阀切断气源；必要时告知报警人实施紧急避险。 • 引导警戒：在征询报警人的意愿和能力的前提下，争取报警人协助开展警戒工作，劝导店内人员、周边人群撤离或远离疑似泄漏区域，协助引导机动哨兵快速抵达现场	
应急预警	派工派警：第一时间调派机动哨兵赶赴现场，同步应急准备 研判响应级别与影响 事态严重	• 初步研判：根据泄漏量大小、钢瓶容量、用户信息(如商业综合体、餐饮店、学校)、影响范围等情况，结合预警和响应分级明确的条件，初步研判预警级别。 • 应急准备：第一时间派工派警	
响应启动	信息核实：机动哨兵现场核实是否为燃气泄漏、用户先期处置是否正确	• 信息核实：确认为燃气泄漏，立即启动抢险队伍响应线。 • 处置警戒：机动哨兵	

<table>
<tr><th colspan="2">应急处置流程</th><th>应急处置要点</th><th>应急处置工器具配备建议</th></tr>
<tr><td>响应启动</td><td>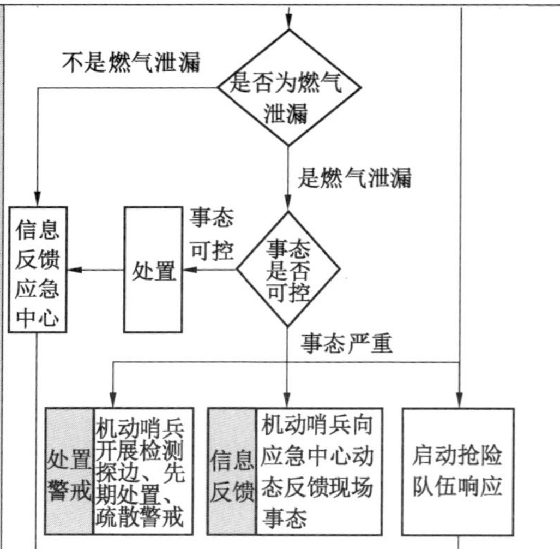
</td><td>进入泄漏环境前，应关闭随身的手机、非防爆对讲机等，同步开展周边环境气体检测，并依据检测的燃气泄漏范围，做好禁火禁电(如有条件，在安全的地方切断电源)，疏散事发现场人员，并持续开展泄漏检测、疏散、警戒。
• 信息反馈：保持与应急中心专线联系，排除其他线路干扰</td><td>• 机动哨兵工器具配备：丙烷检测仪、执法仪、防爆工具、泡沫喷壶(查漏)、多气体检测仪(氧气、丙烷、有毒有害气体)</td></tr>
<tr><td>事态控制</td><td>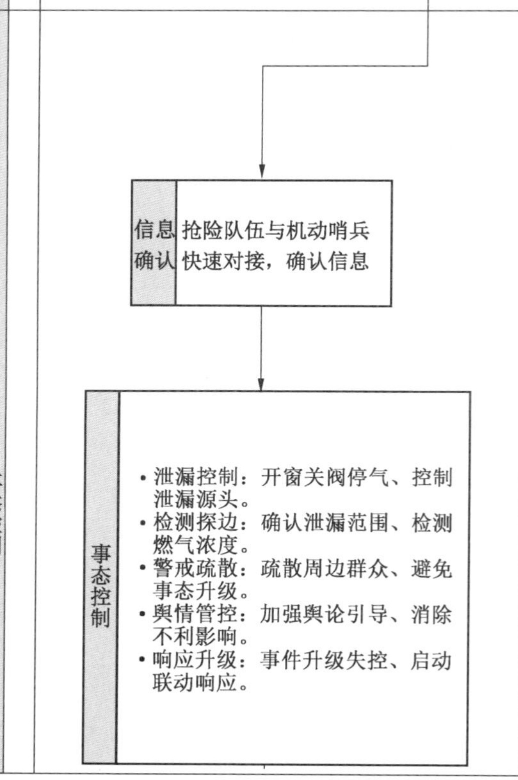
</td><td>• 泄漏控制：关闭钢瓶角阀，打开用气空间及周边所有门窗通风；如是钢瓶发生泄漏，机动哨兵应开窗通风后迅速撤离，扩大警戒疏散范围，切勿切断任何电源。
• 检测探边：使用可燃气体检测仪，对上下、左右相邻用户进行不间断的全面检测，重点对所有相邻的阀门井、污水井、电缆井、与泄漏区域直接连通的贴地孔洞等进行泄漏检测，严密排查燃气窜入相邻区域的可能性。
• 警戒疏散：商业用户疏散应综合考虑事件影响范围、现场疏散条件、疏散群体特质和数量等信息，由现场指挥员综合研判后，下达疏散指令，组织疏散。如有必要，需联系协调公安、交警、相关方联动开展警戒和疏散任务。
• 着火、爆炸控制：
(1)当液化石油气泄漏尚未燃烧时，做好以下工作：① 应立即关闭液化石油气钢瓶角阀，把液化石油气钢瓶拎到空旷地带站立</td><td>• 抢险队伍工器具配备(按处置任务划分)：
(1) 检测探边：丙烷检测仪、执法仪、防爆对讲机、激光遥距检测仪、生产管理系统手持机、多气体检测仪(氧气、丙烷、有毒有害气体)、无人机检测、检测机器人、色谱分析仪、丙烷分析仪、吸真空泵。
(2) 禁火：丙烷检测仪、执法仪、防爆对讲机、防爆工具、灭火器。
(3) 撤人：执法仪、防爆对讲机、扩音喇叭、指引旗、疏散标示贴(无人、已撤离、未撤离)、泄漏范围计算数据模型、防爆扩音喇叭、手动报警器、声光引导棒、疏散集合点标识牌、防爆手电筒。
(4) 警戒：丙烷检测</td></tr>
</table>

阶段	应急处置流程	应急处置要点	应急处置工器具配备建议
事态控制	↓	放置。②对密闭空间，使用防爆轴流风机强制通风等方法放散泄漏的燃气，降低燃气浓度，防止液化石油气积聚在低洼处或其他地下设施内。 (2)当液化石油气已经燃烧时，抢险队伍在消防部门的指挥下，协助开展以下工作： ① 在没有引燃附近可燃物的情况下,应采用喷水等方式给气瓶降温,再关闭钢瓶角阀，把液化石油气钢瓶拎到空旷地带站立放置；② 当钢瓶角阀损坏失灵时，可以先灭火，再用湿抹布等物品堵住瓶口；③ 如果发现火焰发白并伴有“吱岐”声响，瓶体出现颤抖摇晃，这是爆炸前的征兆，应立即撤离危险区域	仪、执法仪、防爆对讲机、生产管理系统手持机、移动式照明设备(防爆)、夜间警示灯、警戒带、警示牌、路锥、支架、反光安全背心、外围声光警戒。 (5) 现场舆论控制：执法仪、应急通信车、工业视频监控
现场抢修	现场抢修：将钢瓶带回灌装站按规定进行处置 ↓		
恢复供气	复气：对商业用户安全用气条件进行确认 ↓	• 以下情况严禁恢复供气：① 现场燃气浓度仍然超标；② 报警装置配置不足的、失效的，排风设施失效的；③ 燃烧器具过期的、损坏仍然使用的、连接软管过期的；④ 表具、管道暗封暗埋、预留口未封堵、未做防腐的；⑤ 其他重大安全隐患未整改完成的	
解除应急	响应结束（事态控制阶段的旁路流程线亦直接指向此处） ↓		
后期处置	善后处置 / 事故调查 / 应急救助		

附录 24　城镇燃气液化石油气（瓶装）居民用户泄漏处置指导流程图

	应急处置流程	应急处置要点	应急处置工器具配备建议
接警报告	信息接收 设置24小时接警电话 ↓ 基本问询：询问地点、周边环境等，初步研判事态 风险提示：告知风险、引导处置、指导避险 引导警戒：争取并引导报警人协助警戒，以第一时间控制事态 ↓ 信息报送：同级、逐级报送，以快速预警或响应	• 基本问询：询问街区(村庄)名称、地标、报警人身份、气瓶容量、燃气泄漏气味是否明显、能否听到气流声等典型特征。 • 风险提示：告知燃气易燃易爆且容易在地上密闭空间积聚的特性；远离有气味区域接打电话；指导报警人开窗通风、关闭气瓶角阀切断气源；必要时告知报警人实施紧急避险。 • 引导警戒：在征询报警人的意愿和能力的前提下，争取报警人协助开展警戒工作，劝导店内人员、周边人群撤离或远离疑似泄漏区域，协助引导机动哨兵快速抵达现场	
应急预警	派工派警：第一时间调派机动哨兵赶赴现场，同步应急准备 研判响应级别与影响 事态严重	• 初步研判：根据泄漏量大小、钢瓶容量、影响范围等情况，结合预警和响应分级明确的条件，初步研判预警级别。 • 应急准备：第一时间派工派警	
响应启动	信息核实：机动哨兵现场核实是否为燃气泄漏、用户先期处置是否正确		

	应急处置流程	应急处置要点	应急处置工器具配备建议
响应启动	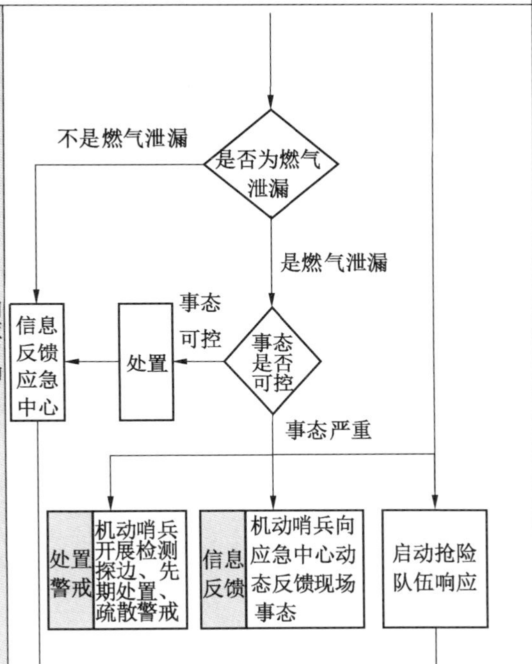	• 信息核实：确认为燃气泄漏，立即启动抢险队伍响应线。 • 处置警戒：机动哨兵进入泄漏环境前，应关闭随身的手机、非防爆对讲机等，同步开展周边环境气体检测，并依据检测的燃气泄漏范围，做好禁火禁电(如有条件，在安全的地方切断电源)，疏散事发现场人员，并持续开展泄漏检测、疏散、警戒。 • 信息反馈：保持与应急中心专线联系，排除其他线路干扰	• 机动哨兵工器具配备：丙烷检测仪、执法仪、防爆工具、泡沫喷壶(查漏)、多气体检测仪(氧气、丙烷、有毒有害气体)
事态控制	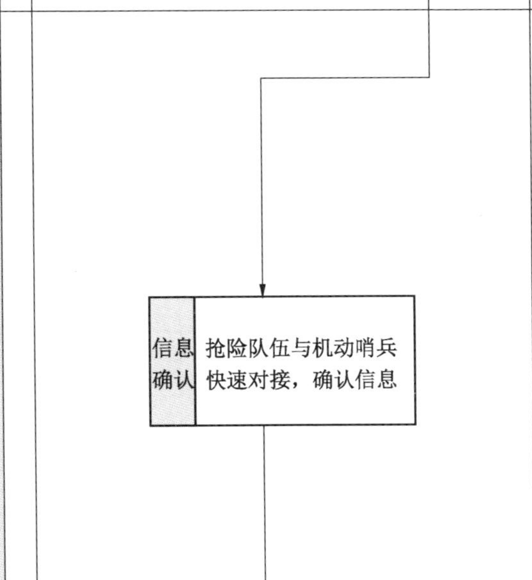	• 泄漏控制：关闭钢瓶角阀，打开用气空间及周边所有门窗通风；如是钢瓶发生泄漏，机动哨兵应开窗通风后迅速撤离，扩大警戒疏散范围，切勿切断任何电源。 • 检测探边：应急抢险队伍应使用可燃气体检测仪，对同楼栋用户进行不间断的全面检测，重点对所有楼栋管道井、电缆井、与泄漏区域直接连通的贴地孔洞、地下室等进行泄漏检测，严密排查燃气牵入相邻区域的可能性。 • 警戒疏散：当检测到燃气未扩散到泄漏户以外区域，要疏散泄漏户所在单元的人员；当检测到燃气扩散到楼道、电梯井等泄漏户以外区域时，要疏散泄漏户整栋楼的人员。	• 抢险队伍工器具配备(按处置任务划分)： (1)检测探边：丙烷检测仪、执法仪、防爆对讲机、激光遥距检测仪、生产管理系统手持机、多气体检测仪(氧气、丙烷、有毒有害气体)、无人机检测、检测机器人、色谱分析仪、丙烷分析仪、吸真空泵。 (2)禁火：丙烷检测仪、执法仪、防爆对讲机、防爆工具、

	应急处置流程	应急处置要点	应急处置工器具配备建议
事态控制	**事态控制** • 泄漏控制：开窗关阀停气、控制泄漏源头。 • 检测探边：确认泄漏范围、检测燃气浓度。 • 警戒疏散：疏散周边群众、避免事态升级。 • 舆情管控：加强舆论引导、消除不利影响。 • 响应升级：事件升级失控、启动联动响应。	• 着火、爆炸控制： (1)当液化石油气泄漏尚未燃烧时做好如下工作：①应立即关闭液化石油气钢瓶角阀，把液化石油气钢瓶拎到空旷地带站立放置；②对密闭空间，使用防爆轴流风机强制通风等方法放散泄漏的燃气，降低燃气浓度，防止液化石油气积聚在低洼处或其他地下设施内。 (2)当液化石油气已经燃烧时，抢险队伍在消防部门的指挥下，协助开展以下工作：①在没有引燃附近可燃物的情况下，应采用喷水等方式给气瓶降温，再关闭钢瓶角阀，把液化石油气钢瓶拎到空旷地带站立放置；②当钢瓶角阀损坏失灵时，可以先灭火，再用湿抹布等物品堵住瓶口；③如果发现火焰发白并伴有“吱吱”声响，瓶体出现颤抖摇晃，这是爆炸前的征兆，应立即撤离危险区域	灭火器。 (3)撤人：执法仪、防爆对讲机、扩音喇叭、指引旗、疏散标示贴(无人、已撤离、未撤离)、泄漏范围计算数据模型、防爆扩音喇叭、手动报警器、声光引导棒、疏散集合点标识牌、防爆手电筒。 (4)警戒：丙烷检测仪、执法仪、防爆对讲机、生产管理系统手持机、移动式照明设备(防爆)、夜间警示灯、警戒带、警示牌、路锥、支架、反光安全背心、外围声光警戒。 (5)现场舆论控制：执法仪、应急通信车、工业视频监控
解除应急	响应结束		
后期处置	善后处置 事故调查 应急救助		

参 考 文 献

[1] 钟茂华，魏玉东，范维澄．事故致因理论综述［J］．火灾科学，1999，8（3）：38－44.

[2] 王永明．重大突发事件情景构建理论框架与技术路线［J］．中国应急管理，2015（8）：53－57.

[3] 诺曼·R·奥古斯丁，等．危机管理［M］．北京新华信商业风险管理有限责任公司，译校．北京：中国人民大学出版社，2001.

[4] 万勇．城市燃气安全事故应急管理策略［J］．科技风，2018（4）：111.

[5] Cabalu H. Indicators of security of natural gas supply in Asia. Energy Policy，2010（38）：218－22（5）.

[6] 中国城市燃气协会安全管理工作委员会，中国燃气安全杂志社，燃气安全与服务微信公众号．全国燃气事故分析报告（2020 年·第四季度报告暨全年综述）.

[7] 中国城市燃气协会安全管理工作委员会，中国燃气安全杂志社，燃气安全与服务微信公众号．全国燃气事故分析报告（2021 年·第四季度报告暨全年综述）.

[8] 中国城市燃气协会安全管理工作委员会，中国燃气安全杂志社，燃气安全与服务微信公众号．全国燃气事故分析报告（2022 年·全年综述）.

[9] 中国城市燃气协会安全管理工作委员会，中国燃气安全杂志社，燃气安全与服务微信公众号．全国燃气事故分析报告（2023 年·第四季度报告暨全年综述）.

图书在版编目（CIP）数据

城镇燃气泄漏应急处置流程指南 / 中国城市燃气协会安全管理工作委员会，昆仑能源有限公司组织编写. 北京 ：应急管理出版社，2025. -- ISBN 978-7-5237-0882-8

Ⅰ. TU996.9-62

中国国家版本馆 CIP 数据核字第 2024VW4798 号

城镇燃气泄漏应急处置流程指南

组织编写 中国城市燃气协会安全管理工作委员会
昆仑能源有限公司
责任编辑 肖 力 孟 琪
责任校对 孔青青
封面设计 王 滨

出版发行 应急管理出版社（北京市朝阳区芍药居 35 号 100029）
电 话 010－84657898（总编室） 010－84657880（读者服务部）
网 址 www. cciph. com. cn
印 刷 海森印刷（天津）有限公司
经 销 全国新华书店

开 本 710mm×1000mm $^{1}/_{16}$ **印张** $15^{1}/_{4}$ **字数** 277 千字
版 次 2025 年 3 月第 1 版 2025 年 3 月第 1 次印刷
社内编号 20240827 **定价** 62.00 元
